Genehmigt von der philosophischen Fakultät Jena auf Antrag des Herrn Professor Dr. M. Wien.

Jena, den 29. April 1921.
                                                        Dr. Edler,
                                                          d. Zt. Dekan.

Meinen lieben Eltern.

ISBN 978-3-662-27582-5   ISBN 978-3-662-29069-9 (eBook)
DOI 10.1007/978-3-662-29069-9

Die Dämpfungen zweier kapazitiv gekoppelter Schwingungskreise bei vorherrschender Kopplung.

Von

Walter Grösser.

(Mitteilung aus dem Elektrotechnischen Institut der Technischen Hochschule Aachen.)

In einer kürzlich erschienenen Mitteilung [1]) hat Herr Prof. Rogowski für die Dämpfungen zweier induktiv gekoppelter Schwingungskreise einfache, leicht diskutierbare Näherungsformeln aufgestellt. Seine Ergebnisse gelten für beliebige Verstimmung der beiden Kreise und für beliebig feste oder lose Kopplung. Nur liegt ihnen die Voraussetzung zugrunde, daß die Ohmschen Widerstände der Kreise einen gewissen kleinen, vom Grade der Kopplung abhängigen Wert nicht überschreiten.

Es ist sowohl von rein physikalischem Interesse, als auch für die Technik — insbesondere für die Theorie des Ziehens von Zwischenkreisröhrensendern — von Belang, auf ganz analoge Weise die Schwingungen zweier kapazitiv gekoppelter Kreise zu behandeln. Dies soll — auf Veranlassung von Herrn Prof. Rogowski — im folgenden geschehen.

Über die Dämpfung bei kapazitiver Kopplung sind wir zwar schon bis zu einem gewissen Grade unterrichtet durch die für die Theorie gekoppelter Schwingungen grundlegende Arbeit von M. Wien [2]). Doch gelten die dort mitgeteilten Formeln nur für lose Kopplung und nur in unmittelbarer Nachbarschaft der Resonanzstelle. Unter diesen beiden Voraussetzungen sind daselbst die Dämpfungen der Koppelschwingungen berechnet — und zwar sowohl für den Fall, daß die Wirkung der Kopplung die vorherrschende ist, als auch für den gegensätzlichen Fall, daß die Wirkung der Dämpfung die der Kopplung überwiegt.

In vorliegender Arbeit beschäftigen wir uns nur mit dem Falle vorherrschender Kopplung, indem wir die Ohmschen Widerstände als hinreichend klein annehmen gegen die induktiven. Die Formeln für die Koppeldämpfungen, die wir erhalten werden, gleichen in ihrem Aufbau denen bei induktiver Kopplung [3]); doch ergeben sich bei näherer Diskussion bedeutende Unterschiede zwischen beiden Kopplungsarten, besonders was die Dämpfung der raschen Koppelschwingung anbetrifft. Die Resultate der Rechnung sind in Bildern aufgetragen und zum Teil im Bilde denen für induktive Kopplung gegenübergestellt. Ein Vergleich mit den von M. Wien a. a. O. aufgestellten Formeln für vorherrschende Kopplung zeigt Übereinstimmung in den Gliedern erster Ordnung.

Bevor im folgenden die Dämpfungen der Koppelschwingungen berechnet werden, wird — der Vollständigkeit halber und nur soweit später benötigt — die Theorie der ungedämpften Schwingungen bei kapazitiver Kopplung behandelt.

Außerdem wird zunächst versucht, eine in der Literatur vorhandene Lücke auszufüllen: es sind zwar verstreut hier und dort verschiedene experimentelle Möglichkeiten der kapazitiven Kopplung zweier elektrischer Schwingungskreise angegeben, doch fehlt es bisher an einer physikalischen Definition dieser Kopplungsart, die alle Spezialfälle von einem einheitlichen Gesichtspunkt aus zusammenfaßt und auf die gleiche Weise rechnerisch zu behandeln gestattet. Die Möglichkeit einer solchen zusammenfassenden Definition ist gegeben, sobald man auf den Maxwellschen Begriff der Potentialkoeffizienten eines Systems von isolierten Leitern zurückgeht.

---

[1]) W. Rogowski, Arch. f. Elektrotechnik IX., 427—438.
[2]) M. Wien, Wied. Ann. Physik. 61. 151—189.
[3]) W. Rogowski, a. a. O.

I. Definition der kapazitiven Kopplung zweier Schwingungskreise[1]).

Es sei ein System von n beliebig gestalteten voneinander isolierten Leitern K_1 bis K_n gegeben. Sie seien durch die Ladungen e_1 bis e_n auf die Potentiale V_1 bis V_n gebracht. Nach Maxwell läßt sich, nachdem sich der elektrostatische Gleichgewichtszustand eingestellt hat, das Potential eines jeden der n Leiter darstellen als lineare homogene Funktion der einzelnen Ladungen:

$$V_i = p_{i1} e_1 + p_{i2} e_2 + \cdots + p_{in} e_n; \quad (i = 1, 2 \ldots n). \tag{1}$$

Die Konstanten p_{ik}, die sogenannten Potentialkoeffizienten, besitzen die Dimension einer reziproken Kapazität. Sie sind sämtlich positiv oder höchstens gleich Null, und es gelten für sie allgemein die Beziehungen

$$p_{ik} = p_{ki} \text{ und } p_{ik} \leq p_{ii}. \tag{2}$$

Jeder einzelne der Potentialkoeffizienten ist bestimmt durch die geometrische Konfiguration des gesamten Leitersystems; d. h. ändern wir Lage oder Gestalt auch nur eines der n Leiter, dann nehmen im allgemeinen sämtliche Potentialkoeffizienten andere Werte an.

Halten wir die Ladungen der n Leiter nicht konstant, sondern unterwerfen wir sie stetigen Änderungen, so werden die Gleichungen (1) im allgemeinen keine Gültigkeit mehr besitzen. Erfolgen jedoch die Änderungen der Ladungen langsam im Vergleich zu der Geschwindigkeit, mit welcher der elektrostatische Gleichgewichtszustand eingenommen wird, und sind weiter die von den Ladeströmen im Leitersystem durch Induktion erzeugten Potentialdifferenzen zu vernachlässigen, so werden auch während der Ladungsänderungen in jedem Augenblick die Potentiale der Leiter in sehr großer Annäherung durch die Beziehungen (1) dargestellt werden.

Wir verbinden nun zwei der n Leiter, etwa K_1 und K_2, miteinander über eine (nicht zu kleine) Selbstinduktion L_1 und einen Ohmschen Widerstand R_1. Wir erhalten dadurch einen elektrischen Schwingungskreis; wir wollen annehmen, daß seine Schwingungen nicht zu schnell erfolgen, so daß wir für jeden Zeitpunkt unbedenklich die Beziehungen (1) benutzen können.

Bezeichnen wir den im Sinne von K_2 über L_1 und R_1 nach K_1 fließenden Strom mit i_1, so lautet die Bedingung dafür, daß die Summe aller Potentialdifferenzen im Kreise verschwindet,

$$L_1 \frac{di_1}{dt} + R_1 i_1 + V_1 - V_2 \equiv L_1 \frac{di_1}{dt} + R_1 i_1 + e_1 [p_{11} - p_{21}] + \\ e_2 [p_{12} - p_{22}] + e_3 [p_{13} - p_{23}] + \cdots + e_n [p_{1n} - p_{2n}] = 0. \tag{3}$$

Differenzieren wir diese Gleichung nach t und berücksichtigen, daß

$$\frac{de_1}{dt} = i_1, \frac{de_2}{dt} = -i_1, \frac{de_3}{dt} = \frac{de_4}{dt} = \cdots = \frac{de_n}{dt} = 0 \tag{4}$$

ist, so erhalten wir als Differentialgleichung für i_1 die folgende:

$$L_1 \frac{d^2 i_1}{dt^2} + R_1 \frac{di_1}{dt} + [p_{11} - p_{21} - p_{12} + p_{22}] i_1 = 0, \tag{5}$$

d. h. die bekannte Differentialgleichung eines Schwingungskreises mit der Selbstinduktion L_1 und der Kapazität

$$\frac{1}{p_{11} - p_{21} - p_{12} + p_{22}}$$

Wir gehen nun einen Schritt weiter, indem wir einen zweiten Schwingungskreis hinzunehmen. Wir verbinden dazu nochmals zwei Leiter miteinander, diesmal über eine Selbstinduktion L_2 und einen Widerstand R_2. Den Bildern 1a, 1b und 1c entsprechend sind drei Fälle möglich: entweder nehmen wir zwei neue Leiter (K_3 und K_4

---

[1]) Über kapazitive Kopplung siehe auch: E. Schott, Diss. Jena 1921.

in Bild 1a) oder einen alten und einen neuen (K_1 und K_3 in Bild 1b) oder endlich die beiden alten Leiter (K_1 und K_2 in Bild 1c). Die Schwingungen beider Kreise werden einander im allgemeinen beeinflussen. Sind in beiden Kreisen niemals andere Potentialdifferenzen vorhanden als

erstens die Ohmschen Spannungsdifferenzen $i_1 R_1$ und $i_2 R_2$,

zweitens die induktiven $L_1 \dfrac{di_1}{dt}$ und $L_2 \dfrac{di_2}{dt}$ und endlich

drittens die zwischen den Leitern durch ihre Ladungen gemäß (1) induzierten Spannungsdifferenzen,

so bezeichnen wir die beiden Schwingungskreise als „rein kapazitiv gekoppelt".

Die Bedingungen, denen wir das n-Leiter-System mit den beiden Schwingungskreisen unterwerfen müssen, damit wir rein kapazitive Kopplung erhalten, sind, wie leicht festzustellen, die folgenden:

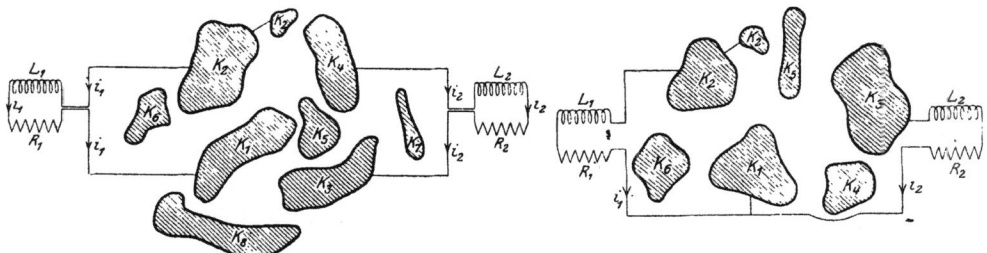

Bild 1a. Schema rein kapazitiver Kopplung.   Bild 1b. Schema rein kapazitiver Kopplung

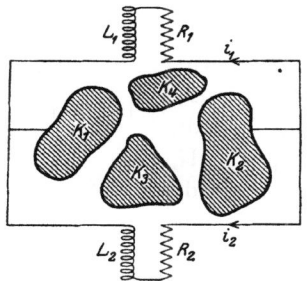

Bild 1c. Schema rein kapazitiver Kopplung (vollkommen feste Kopplung).

I. Jeder der n Leiter muß praktisch widerstandslos sein, so daß keine Potentialdifferenzen zwischen einzelnen Teilen ein und desselben Leiters auftreten können.

II. Das Leitersystem muß praktisch frei sein von Selbstinduktion, so daß die Zeit, die das System zum Aufladen gebraucht, klein ist gegen die Dauer der entstehenden Schwingungen.

III. Keiner der beiden Schwingungskreise darf magnetische Induktionslinien durch das Leitersystem senden, damit Änderungen von i_1 und i_2 keine Potentialdifferenzen im Leitersystem bewirken.

IV. Es darf keine gegenseitige Induktion zwischen den beiden Schwingungskreisen vorhanden sein.

V. Widerstände und Selbstinduktionen müssen praktisch frei sein von Kapazität; es dürfen also nur verschwindend kleine Elektrizitätsmengen nötig sein, um die R und L auf die auftretenden Potentiale aufzuladen.

VI. Außer den n Leitern dürfen keine anderen in wirksamer Nähe sein [1].

---

[1] Z. B. würde im Laboratorium eine nahe Wand, auf See das Wasser von Einfluß sein.

VII. Die auftretenden Schwingungen müssen quasistationär, also alle linearen Dimensionen der Anordnung klein gegen die Wellenlänge der Schwingungen sein. Unter diesen experimentell nicht immer streng zu erfüllenden Voraussetzungen lauten im Falle von Bild 1a die Bedingungen dafür, daß in jedem der beiden Schwingungskreise die Summe aller Potentialdifferenzen gleich Null ist:

$$L_1 \frac{di_1}{dt} + R_1 i_1 + V_1 - V_2 \equiv$$

$$L_1 \frac{di_1}{dt} + R_1 i_1 + e_1 [p_{11} - p_{21}] + e_2 [p_{12} - p_{22}] + e_3 [p_{13} - p_{23}] + e_4 [p_{14} - p_{24}]$$
$$+ \cdots + e_n [p_{1n} - p_{2n}] = 0 \qquad (6)$$

und ebenso

$$L_2 \frac{di_2}{dt} + R_2 i_2 + e_1 [p_{31} - p_{41}] + e_2 [p_{32} - p_{42}] + e_3 [p_{33} - p_{43}]$$
$$+ e_4 [p_{34} - p_{44}] + \cdots + e_n [p_{3n} - p_{4n}] = 0. \qquad (7)$$

Differenzieren wir beide Gleichungen nach t und berücksichtigen, daß

und

$$\left. \begin{array}{l} \dfrac{de_1}{dt} = i_1;\ \dfrac{de_2}{dt} = -i_1;\ \dfrac{de_3}{dt} = i_2;\ \dfrac{de_4}{dt} = -i_2 \\[1em] \dfrac{de_5}{dt} = \dfrac{de_6}{dt} = \cdots = \dfrac{de_n}{dt} = 0 \end{array} \right\} \qquad (8)$$

ist, so erhalten wir als Differentialgleichungen für i_1 und i_2 die folgenden:

$$L_1 \frac{d^2 i_1}{dt^2} + R_1 \frac{di_1}{dt} + i_1 [p_{11} - p_{21} - p_{12} + p_{22}] + i_2 [p_{13} - p_{23} - p_{14} + p_{24}] = 0 \qquad (9)$$

$$L_2 \frac{d^2 i_2}{dt^2} + R_2 \frac{di_2}{dt} + i_2 [p_{33} - p_{43} - p_{34} + p_{44}] + i_1 [p_{31} - p_{32} - p_{41} + p_{42}] = 0. \qquad (10)$$

Mit Rücksicht auf (2) können wir hierfür kürzer schreiben:

$$L_1 \frac{d^2 i_1}{dt^2} + R_1 \frac{di_1}{dt} + P_1 i_1 + P i_2 = 0 \qquad (11)$$

$$L_2 \frac{d^2 i_2}{dt^2} + R_2 \frac{di_2}{dt} + P_2 i_2 + P i_1 = 0, \qquad (12)$$

wobei gesetzt ist:

$$p_{11} - p_{12} - p_{21} + p_{22} = P_1 \qquad p_{33} - p_{43} - p_{34} + p_{44} = P_2 \qquad (13)$$
$$p_{13} - p_{23} - p_{14} + p_{24} = p_{31} - p_{32} - p_{41} + p_{42} = P. \qquad (14)$$

Dabei sind die Konstanten P_1, P_2 und P wie die Potentialkoeffizienten von der Dimension einer reziproken Kapazität, und zwar sind P_1 und P_2 je positiv oder Null, während P positiv, Null oder negativ sein kann. Man erkennt leicht, daß P einfach das Vorzeichen wechselt, wenn man in einem der beiden Schwingungskreise den positiven Richtungssinn von i umkehrt. Das Vorzeichen von P ist also nichts Wesentliches, für unser Schwingungssystem Charakteristisches.

Über die 3 Konstanten P_1, P_2, P läßt sich eine wichtige Bemerkung machen. Wie man sofort erkennt, ist zahlenmäßig P_1 gleich der Potentialdifferenz, die — bei geöffneten Schwingungskreisen — zwischen K_1 und K_2 entsteht, wenn K_1 und K_2 mit den Elektrizitätsmengen $+1$ und -1 geladen werden, K_3 und K_4 jedoch ungeladen bleiben. Dagegen ist zahlenmäßig P gleich der Potentialdifferenz, die zwischen $\left\{\begin{array}{l} K_3 \\ K_1 \end{array} \text{ und } \begin{array}{l} K_4 \\ K_2 \end{array}\right\}$ entsteht, wenn $\left\{\begin{array}{l} K_1 \\ K_3 \end{array} \text{ und } \begin{array}{l} K_2 \\ K_4 \end{array}\right\}$ mit den Elektrizitätsmengen $+1$ und -1 geladen werden, $\left\{\begin{array}{l} K_3 \\ K_1 \end{array} \text{ und } \begin{array}{l} K_4 \\ K_2 \end{array}\right\}$ jedoch ungeladen bleiben. Es kann also offenbar dem absoluten Betrage nach P nicht größer sein als P_1, d. h. es muß sein

$$-P_1 \leqq P \leqq +P_1. \qquad (15)$$

Ganz ebenso muß sein
$$-P_2 \leqq P \leqq +P_2, \tag{16}$$
und aus beiden Ungleichungen läßt sich unmittelbar folgern
$$0 \leqq \frac{P_2}{P_1 \cdot P_2} \leqq 1. \tag{17}$$

Zu Differentialgleichungen von genau derselbe Form wie (11) und (12) gelangen wir, wenn wir unserem Ansatz Bild 1 b zugrunde legen, und es gelten auch wieder die Ungleichungen (15), (16) und (17).

Eine speziellere Form der Differentialgleichungen erhalten wir dagegen im Falle von Bild 1 c. Aus der physikalischen Bedeutung der Konstanten P, P_1 und P_2 folgt nämlich sofort, daß jetzt $P = P_1 = P_2$ sein muß, daß also unsere Differentialgleichungen die Gestalt

$$L_1 \frac{d^2 i_1}{dt^2} + R_1 \frac{di_1}{dt} + P(i_1 + i_2) = 0 \tag{18}$$

und

$$L_2 \frac{d^2 i_2}{dt^2} + R_2 \frac{di_2}{dt} + P(i_1 + i_2) = 0, \tag{19}$$

erhalten.

In den Differentialgleichungen kommt die Kopplung der beiden Schwingungskreise zum Ausdruck durch die Glieder mit P. Die Kopplung ist bei gleichen Werten P_1 und P_2 um so stärker, je größer P ist. Die für sie charakteristische Größe

$$k = \frac{P}{\sqrt[+]{P_1 \cdot P_2}}$$

bezeichnet man als den „Kopplungskoeffizienten". Er liegt, wie oben gezeigt, allgemein zwischen Null und $+1$. Die zu ihm gegensätzliche Größe $\sigma = 1 - k^2$ bezeichnen wir — dem Falle induktiver Kopplung genau entsprechend — als den elektrischen „Streuungskoeffizienten" der beiden Kreise.

Zusammenfassend wollen wir noch einmal definieren:

„Zwei Schwingungskreise heißen rein kapazitiv gekoppelt, wenn sie aus einem beliebigen System von n isolierten Leitern bestehen, von denen zweimal irgend zwei — sie brauchen nicht alle voneinander verschieden zu sein — miteinander durch eine Selbstinduktion und einen Widerstand verbunden sind, und wenn sie außerdem den oben aufgestellten Bedingungen I bis VII genügen." Für die rein kapazitive Kopplung sind die Differentialgleichungen (11) und (12) und die Ungleichungen (15), (16) und (17) charakteristisch. (Die dort auftretenden Koeffizienten P_1, P_2 und P brauchen nicht alle voneinander verschieden zu sein.)

Um die Differentialgleichung des ersten Schwingungskreises allein zu erhalten, haben wir aus (11) und (12) i_2 zu eliminieren. Das ist ohne Schwierigkeit möglich, es ergibt sich die Differentialgleichung 4. Ordnung:

$$\frac{d^4 i_1}{dt^4} + \frac{d^2 i_1}{dt^2}\left[\frac{P_1}{L_1} + \frac{P_2}{L_2}\right] + i_1 \frac{P_1}{L_1} \cdot \frac{P_2}{L_2}\left[1 - \frac{P^2}{P_1 \cdot P_2}\right] =$$
$$= -\frac{d^3 i_1}{dt^3}\left[\frac{R_1}{L_1} + \frac{R_2}{L_2}\right] - \frac{d^2 i_1}{dt^2}\frac{R_1 R_2}{L_1 L_2} - \frac{di_1}{dt}\left[\frac{P_1 R_2}{L_1 L_2} + \frac{P_2 R_1}{L_2 L_1}\right]. \tag{21}$$

Öffnen wir den zweiten Schwingungskreis, so wird i_2 gleich Null; für den ersten Schwingungskreis ergibt sich dann aus (11) als Differentialgleichung seiner „ungekoppelten Eigenschwingungen"

$$L_1 \frac{d^2 i_1}{dt^2} + R_1 \frac{di_1}{dt} + P_1 i_1 = 0;$$

der bekannte Ansatz $i = e^{\Omega t}$ liefert für Ω die beiden Werte

$$\Omega = -\frac{R_1}{2L_1} \pm i\sqrt{\frac{P_1}{L_1} - \left(\frac{R_1}{2L_1}\right)^2},$$

worin $$j = \sqrt{-1}.$$

Es ergibt sich also eine gedämpfte Sinusschwingung, deren Kreisfrequenz für kleine Widerstände sehr nahe gleich $\omega_1 = \sqrt{\frac{P_1}{L_1}}$ ist und die den Dämpfungsexponenten $h_1 = \frac{R_1}{2L_1}$ besitzt.

Führen wir in unsere Differentialgleichung (21) die Eigenkreisfrequenzen und -dämpfungen der beiden ungekoppelten Schwingungskreise ein, setzen wir also

$$\frac{P_1}{L_1} = \omega_1^2, \quad \frac{P_2}{L_2} = \omega_2^2, \quad \frac{R_1}{2L_1} = h_1 \quad \text{und} \quad \frac{R_2}{2L_2} = h_2,$$

so können wir unsere Differentialgleichung kürzer schreiben:

$$\frac{d^4 i_1}{dt^4} + \frac{d^2 i_1}{dt^2}[\omega_1^2 + \omega_2^2] + i_1 \omega_1^2 \omega_2^2 \sigma =$$
$$= -\frac{d^3 i_1}{dt^3} 2[h_1 + h_2] - \frac{d^2 i_1}{dt^2} 4 h_1 h_2 - \frac{d i_1}{dt} 2[\omega_2^2 h_1 + \omega_1^2 h_2]. \quad (22)$$

Aus Symmetriegründen erhält man die Differentialgleichung des zweiten Schwingungskreises durch Vertauschung der Indizes 1 und 2. Wir erkennen: für den Kreis (2) ergibt sich genau dieselbe Differentialgleichung wie für den Kreis (1).

Wie bekannt, gibt eine Differentialgleichung der Form (22) eine Lösung, welche sich bei nicht zu großen Widerständen auf die Form

$$A \cdot e^{-\alpha_1 t} \sin(\Omega_1 t + \varphi_1) + B \cdot e^{-\alpha_2 t} \sin(\Omega_2 t + \varphi_2),$$

worin A, B, φ_1, φ_2 Integrationskonstanten, bringen läßt. Es entstehen also in jedem der beiden Schwingungskreise je zwei gedämpfte Sinusschwingungen (die sogen. „Koppelschwingungen") von den Kreisfrequenzen Ω_1 und Ω_2 und den Dämpfungsexponenten α_1 und α_2.

Ehe wir die Frequenzen und Dämpfungen der Koppelschwingungen berechnen, wollen wir noch zwei einfache experimentell wichtige Spezialfälle der kapazitiven Kopplung rechnerisch betrachten.

II. Zwei besondere Fälle der kapazitiven Kopplung.

1. Für den Fall von Bild 1a ist ein sehr einfaches Beispiel die aus vier hintereinander geschalteten Kondensatoren bestehende in Bild 2 dargestellte Kopplung. Da wir die Differentialgleichung für kapazitiv gekoppelte Schwingungskreise ganz allgemein aufgestellt haben, so brauchen wir nur die speziellen Werte der in ihr auftretenden Konstanten P_1, P_2 und P und damit von k^2 zu berechnen.

Erinnern wir uns der physikalischen Bedeutung dieser Konstanten, so können wir P_1 bzw. P einfach erhalten als die Potentialdifferenz, die der Kondensator C_1 bzw. C_2 erhält, wenn wir — bei geöffneten Schwingungskreisen — auf die Belegungen von C_1 die Elektrizitätsmengen $+1$ und -1 aufbringen. Bezeichnen wir die Elektrizitätsmengen, die dabei auf den Belegungen von C_1 selbst bleiben, mit $+e$ und $-e$, so kommen auf die Belegungen von C_3, C_4 und C_2 die Elektrizitätsmengen $1-e$ und $e-1$, wie in Bild 2 eingetragen. Um e zu berechnen, stellen wir die Bedingung auf, daß die Summe aller Potentialdifferenzen im Kondensatorkreis gleich Null sein muß:

$$\frac{e}{C_1} + \frac{e-1}{C_3} + \frac{e-1}{C_2} + \frac{e-1}{C_4} = 0. \quad (23)$$

Das gibt, wenn wir der Einfachheit halber

$$\frac{1}{C_1} + \frac{1}{C_2} + \frac{1}{C_3} + \frac{1}{C_4} = \frac{1}{C} \quad (24)$$

setzen:

$$e\frac{1}{C} = \frac{1}{C} - \frac{1}{C_1} \quad (25)$$

oder

$$e = 1 - \frac{C}{C_1}. \quad (26)$$

Die Potentialdifferenz am Kondensator ist C_1 nun gleich $\frac{e}{C_1}$, also gleich $\frac{1}{C_1}\left[1 - \frac{C}{C_1}\right]$; wir haben somit

$$P_1 = \frac{1}{C_1}\left[1 - \frac{C}{C_1}\right] \quad (27)$$

und aus Symmetriegründen

$$P_2 = \frac{1}{C_2}\left[1 - \frac{C}{C_2}\right]. \quad (28)$$

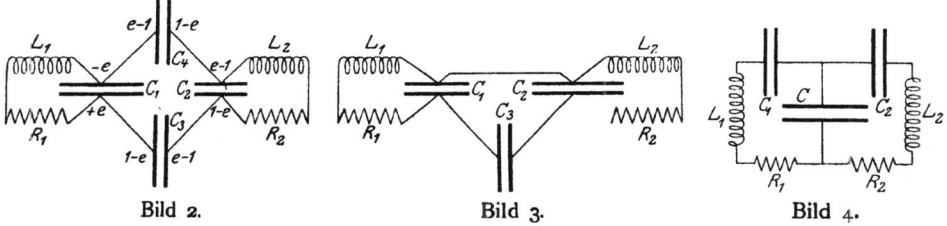

Bild 2. Bild 3. Bild 4.

Die Potentialdifferenz am Kondensator C_2 wird $\frac{1-e}{C_2}$, also gleich $\frac{C}{C_1 \cdot C_2}$, so daß gilt:

$$P = \frac{C}{C_1 \cdot C_2}. \quad (29)$$

Das Quadrat des Kopplungskoeffizienten $k^2 = \frac{P^2}{P_1 \cdot P_2}$ wird somit:

$$k^2 = \frac{1}{\left\{1 + C_1\left[\frac{1}{C_3} + \frac{1}{C_4}\right]\right\}\left\{1 + C_2\left[\frac{1}{C_3} + \frac{1}{C_4}\right]\right\}}. \quad (30)$$

Sowohl in dem Ausdruck für k^2 als auch in denen für P_1, P_2 und P kommen die Kapazitäten C_3 und C_4 nur vor in der Form $\left[\frac{1}{C_3} + \frac{1}{C_4}\right]$. Das gegenseitige Verhältnis von C_3 zu C_4 spielt also für den Verlauf der Schwingungen nicht die geringste Rolle, sondern es kommt lediglich an auf den Wert $\left[\frac{1}{C_3} + \frac{1}{C_4}\right]$. k wird gleich 1, die Kopplung vollkommen fest, wenn $\left[\frac{1}{C_3} + \frac{1}{C_4}\right]$ gleich Null ist; wenn also sowohl C_3 als auch C_4 kurz geschlossen werden. Auf diese Weise gelangen wir zu dem oben schon erwähnten Sonderfall, daß zwei Leiter miteinander zweimal über eine Selbstinduktion und einen Widerstand verbunden werden.

k wird dagegen gleich Null, die Kopplung vollkommen lose, wenn entweder C_3 oder C_4 oder alle beide gleich Null werden. Dies ist selbstverständlich. Denn ist etwa C_4 gleich Null, so kann auf die Belegungen von C_3 keine Elektrizität fließen, weil sie auf den Belegungen von C_1 und C_2 durch die entgegengesetzt gleiche Menge gebunden bleibt.

Für alle übrigen Werte von C_3 und C_4 liegt, wie es ja sein muß, k zwischen Null und $+1$.

Spezialisieren wir das eben behandelte Kopplungsschema, indem wir C_4 unendlich groß machen, also durch einen Kurzschluß ersetzen (Bild 3), so bekommen wir ein erstes Beispiel für den in Bild 1b dargestellten Fall. Es wird jetzt, wie aus den abgeleiteten Formeln sofort folgt:

$$C = \frac{1}{C_1} + \frac{1}{C_2} + \frac{1}{C_3}, \quad P_1 = \frac{1}{C_1}\left[1 - \frac{C}{C_1}\right], \quad P_2 = \frac{1}{C_2}\left[1 - \frac{C}{C_2}\right], \quad P = \frac{C}{C_1 C_2},$$

$$k^2 = \frac{1}{\left\{1 + \dfrac{C_1}{C_3}\right\}\left\{1 + \dfrac{C_2}{C_3}\right\}}. \tag{31}$$

II. Ein zweites Beispiel für diesen Fall ist das in Bild 4 dargestellte. Wie man aus der zur Berechnung von P_1, P_2 und P gegebenen Vorschrift sofort erkennt, ist hier

$$P_1 = \frac{1}{C_1} + \frac{1}{C}; \quad P_2 = \frac{1}{C_2} + \frac{1}{C}; \quad P = \frac{1}{C}, \tag{32}$$

und damit

$$k^2 = \frac{P^2}{P_1 \cdot P_2} = \frac{1}{\left[1 + \dfrac{C}{C_1}\right]\left[1 + \dfrac{C}{C_2}\right]}. \tag{33}$$

Die drei Kapazitäten C_1, C_2 und C sind durch P_1, P_2 und k vollständig bestimmt; und zwar ist wegen $\frac{1}{C} = P = k\sqrt{P_1 P_2}$:

$$C = \frac{1}{k\sqrt{P_1 P_2}}$$

und $\quad C_1 = \dfrac{1}{P_1 - k\sqrt{P_1 P_2}} \qquad C_2 = \dfrac{1}{P_2 - k\sqrt{P_1 P_2}}.$ (34)

Sind die Eigenfrequenzen ω_1 und ω_2 der beiden Schwingungskreise und die Kopplung k gegeben, so ist in diesen Formeln nur $P_1 = \omega_1^2 L_1$ und $P_2 = \omega_2^2 L_2$ zu setzen. Dadurch wird

$$C = \frac{1}{k\omega_1\omega_2\sqrt{L_1 L_2}}; \quad C_1 = \frac{1}{\omega_1^2 L_1 - k\omega_1\omega_2\sqrt{L_1 L_2}}; \quad C_2 = \frac{1}{\omega_2^2 L_2 - k\omega_1\omega_2\sqrt{L_1 L_2}}. \tag{35}$$

L_1 und L_2 sind dabei willkürlich vorgebbar. Nur müssen sie, damit C_1 und C_2 positiv werden, den beiden Ungleichungen

$$\sqrt{L_2} \leq \sqrt{L_1}\frac{\omega_1}{\omega_2}\frac{1}{k} \quad \text{und} \quad \sqrt{L_2} > \sqrt{L_1}\frac{\omega_1}{\omega_2}k$$

genügen, d. h. es muß sein

$$L_1 \frac{\omega_1^2}{\omega_2^2} k^2 \leq L_2 \leq L_1 \frac{\omega_1^2}{\omega_2^2} \frac{1}{k^2}. \tag{36}$$

Sind umgekehrt die C und L gegeben, so berechnen sich aus ihnen die Eigenfrequenzen und der Kopplungskoeffizient nach den Formeln

$$\omega_1 = \sqrt{\frac{P_1}{L_1}} = \frac{1}{\sqrt{L_1}}\sqrt{\frac{1}{C_1} + \frac{1}{C}}; \quad \omega_2 = \sqrt{\frac{P_2}{L_2}} = \frac{1}{\sqrt{L_2}}\sqrt{\frac{1}{C_2} + \frac{1}{C}}$$

$$k^2 = \frac{1}{\left[1 + \dfrac{C}{C_1}\right]\left[1 + \dfrac{C}{C_2}\right]}; \quad \sigma = \frac{C\left[\dfrac{1}{C_1} + \dfrac{1}{C_2}\right] + \dfrac{C^2}{C_1 C_2}}{\left[1 + \dfrac{C}{C_1}\right]\left[1 + \dfrac{C}{C_2}\right]} = \frac{C[C_1 + C_2] + C^2}{[C_1 + C][C_2 + C]} \tag{37}$$

Wie es sein muß, liegen die Werte von k im allgemeinen zwischen Null und $+1$. Von Interesse sind die Grenzfälle.

1. k wird gleich Null, die Kopplung also vollkommen lose, wenn entweder a) C unendlich groß oder b) C_1 oder C_2 unendlich klein wird.

a) C gleich unendlich bedeutet Kurzschluß an Stelle des Kondensators C; die beiden Schwingungskreise können einander augenscheinlich nicht beeinflussen; sie schwingen in ihren Eigenkreisfrequenzen

$$\omega_1 = \frac{1}{\sqrt{L_1 C_1}} \quad \text{und} \quad \omega_2 = \frac{1}{\sqrt{L_2 C_2}}.$$

b) etwa C_1 gleich Null; ω_1 wird unendlich groß; es können nur im zweiten Kreise Schwingungen auftreten, sie haben die Kreisfrequenz

$$\omega_2 = \frac{1}{\sqrt{L_2}} \sqrt{\frac{1}{C_2} + \frac{1}{C}}.$$

2. k wird gleich 1, die Kopplung also vollkommen fest, wenn $\dfrac{C}{C_1} = \dfrac{C}{C_2} = 0$ ist, wenn also entweder a) C gleich Null oder b) $C_1 = C_2 = \infty$ ist.

a) Im Falle $C = 0$ bekommen wir einen einzigen Schwingungskreis von der Selbstinduktion $L_1 + L_2$ und der reziproken Kapazität $\dfrac{1}{C} = \dfrac{1}{C_1} + \dfrac{1}{C_2}$, also von der Frequenz

$$\left. \begin{array}{l} \Omega = \dfrac{1}{\sqrt{L_1 + L_2}} \sqrt{\dfrac{1}{C_1} + \dfrac{1}{C_2}} \\[6pt] \text{und der Dämpfung} \\[6pt] h = \dfrac{R_1 + R_2}{2[L_1 + L_2]}. \end{array} \right\} \quad (38)$$

ω_1 und ω_2 sind unendlich groß, also jedenfalls größer als die Koppelfrequenz Ω.

b) $C_1 = C_2 = \infty$ bedeutet Kurzschluß an den Stellen C_1 und C_2. Die beiden parallel geschalteten Selbstinduktionen L_1 und L_2 lassen sich ersetzt denken durch eine einzige L, die bestimmt ist durch $\dfrac{1}{L} = \dfrac{1}{L_1} + \dfrac{1}{L_2}$. Es ergibt sich also eine Schwingung von der Kreisfrequenz

$$\Omega = \frac{1}{\sqrt{LC}} = \frac{1}{\sqrt{C}} \sqrt{\frac{1}{L_1} + \frac{1}{L_2}}. \quad (39)$$

Die Eigenkreisfrequenzen der beiden ungekoppelten Schwingungskreise $R_1 L_1 C$ und $R_2 L_2 C$ sind $\omega_1 = \dfrac{1}{\sqrt{L_1 C}}$ und $\omega_2 = \dfrac{1}{\sqrt{L_2 C}}$, sie sind also jetzt kleiner als die Koppelkreisfrequenz Ω.

III. Die Koppelfrequenzen, Vernachlässigung der Dämpfung.

Für den Fall unendlich kleiner Widerstände reduziert sich unsere Differentialgleichung (22) für die Koppelschwingungen auf die folgende:

$$\frac{d^4 i}{dt^4} + \frac{d^2 i}{dt^2}[\omega_1^2 + \omega_2^2] + i\, \omega_1^2 \omega_2^2 \sigma = 0. \quad (40)$$

Der Ansatz $i = e^{j\Omega t}$, $j = \sqrt{-1}$ liefert für Ω die Bestimmungsgleichung

$$\Omega^4 - \Omega^2[\omega_1^2 + \omega_2^2] + \omega_1^2 \omega_2^2 \sigma = 0 \quad (41)$$

und damit die Werte

$$\Omega_1 = \sqrt[+]{\frac{\omega_1^2 + \omega_2^2}{2} \left[1 + \sqrt[+]{1 - \frac{4\sigma \left(\dfrac{\omega_2}{\omega_1}\right)^2}{\left[1 + \left(\dfrac{\omega_2}{\omega_1}\right)^2\right]^2}} \right]}, \quad (42)$$

$$\Omega_2 = \sqrt[+]{\frac{\omega_1^2 + \omega_2^2}{2}\left[1 - \sqrt[+]{1 - \frac{4\sigma\left(\frac{\omega_2}{\omega_1}\right)^2}{\left[1 + \left(\frac{\omega_2}{\omega_1}\right)^2\right]^2}}\right]}. \qquad (43)$$

Man erkennt leicht, daß wegen $0 \leq \sigma \leq 1$ der Wert von

$$\sqrt[+]{1 - \frac{4\sigma\left(\frac{\omega_2}{\omega_1}\right)^2}{\left[1 + \left(\frac{\omega_2}{\omega_1}\right)^2\right]^2}}$$

immer zwischen 0 und 1 liegt, daß also Ω_1 und Ω_2 immer reell sind. Wir erhalten also zwei ungedämpfte sinusförmige Koppelschwingungen, eine schnelle von der Kreisfrequenz Ω_1 und eine langsamere von der Kreisfrequenz Ω_2.

Messen wir mit Prof. Rogowski sämtliche Kreisfrequenzen in Kreisfrequenzen des Primärkreises, indem wir setzen

$$\frac{\omega_2}{\omega_1} = x; \quad \frac{\Omega_1}{\omega_1} = O_1; \quad \frac{\Omega_2}{\omega_1} = O_2, \qquad (44)$$

so erhalten die Formeln (42) und (43) die einfachere Gestalt:

$$O_1 = \sqrt[+]{\frac{1+x^2}{2}\left[1 + \sqrt[+]{1 - \frac{4\sigma x^2}{(1+x^2)^2}}\right]}, \quad O_2 = \sqrt[+]{\frac{1+x^2}{2}\left[1 - \sqrt[+]{1 - \frac{4\sigma x^2}{(1+x^2)^2}}\right]}. \quad (45)$$

O_1 und O_2 sind durch (45) bestimmt als Funktionen der Streuung σ und des Verhältnisses $x = \frac{\omega_2}{\omega_1}$ der Eigenkreisfrequenzen der beiden ungekoppelten Schwingungskreise.

Ein Vergleich mit den entsprechenden Formeln der induktiven Kopplung (Rogowski a. a. O.) lehrt, daß man die Koppelfrequenzen bei induktiver Kopplung aus denen bei kapazitiver Kopplung erhält, indem man letztere durch $\sqrt{\sigma}$ dividiert.

Da sich O_1^2 schreiben läßt in der Form

$$O_1^2 = \frac{1+x^2}{2} + \frac{1}{2}\sqrt[+]{1 + 2x^2(1-2\sigma) + x^4}, \qquad (46)$$

so ist wegen σ kleiner als 1 jedenfalls

$$O_1^2 \geq \frac{1+x^2}{2} + \frac{|1-x^2|}{2};$$

für $x < 1$ gibt das: $O_1^2 \geq 1 > x^2$ und für $x > 1$: $O_1^2 \geq x^2 > 1$. Es ist also immer $O_1^2 > x^2$ und $O_1^2 > 1$ oder $\Omega_1 \geq \omega_2$ und $\Omega_1 \geq \omega_1$; d. h. im allgemeinen ist die schnellere Koppelschwingung schneller als jede einzelne der beiden Eigenschwingungen der ungekoppelten Kreise. Ebenso läßt sich zeigen, daß im allgemeinen die langsame Koppelschwingung langsamer ist als jede der beiden Eigenschwingungen ω_1 und ω_2.

Es sei bemerkt, daß unabhängig von der Stärke der Kopplung die Beziehung gilt:

$$O_1^2 + O_2^2 = 1 + x^2$$

oder

$$\Omega_1^2 + \Omega_2^2 = \omega_1^2 + \omega_2^2. \qquad (47)$$

Von Interesse sind die Grenzfälle vollkommen loser ($\sigma = 1$) und vollkommen fester ($\sigma = 0$) Kopplung.

Für $\sigma = 1$ wird

$$O_1^2 = \frac{1+x^2}{2} + \frac{1}{2}\sqrt[+]{1 - 2x^2 + x^4}.$$

Es wird also $O_1 = 1$ für $x < 1$ und $O_1 = x$ für $x > 1$. O_1 wird also im Falle vollkommen loser Kopplung durch den in Bild 5 stark ausgezogenen gebrochenen Linienzug dargestellt. Dies Resultat ist einleuchtend, da bei vollkommen loser

Kopplung die beiden Koppelfrequenzen mit den ungekoppelten Eigenfrequenzen übereinstimmen müssen. Ganz entsprechend wird bei vollkommen loser Kopplung $O_2 = x$ für $x < 1$ und $O_2 = 1$ für $x > 1$, also O_2 durch den in Bild 5 stark gestrichelten gebrochenen Linienzug dargestellt.

Für $\sigma = 0$ wird $O_1 = \sqrt{1 + x^2}$ und $O_2 = 0$. Wir wollen dies prüfen an den Beispielen (2a) und (2b) von Seite 265.

Im Falle (2a) haben wir $C = 0$ werden zu lassen. ω_1 und ω_2 werden unendlich groß, $x^2 = \dfrac{\omega_2^2}{\omega_1^2}$ bleibt dagegen endlich. Denn wir bekommen

$$x^2 = \operatorname*{Lim}_{C=0} \frac{L_1\left(\dfrac{1}{C_2} + \dfrac{1}{C}\right)}{L_2\left(\dfrac{1}{C_1} + \dfrac{1}{C}\right)} = \frac{L_1}{L_2}. \tag{48}$$

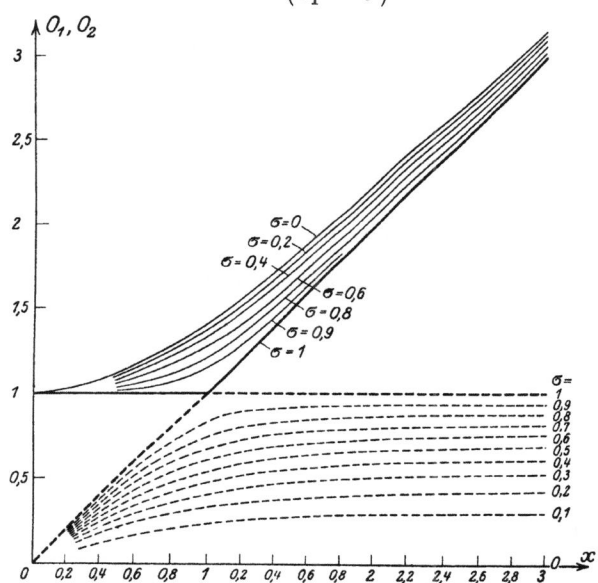

Bild 5. Die Koppelfrequenzen bei kapazitiver Kopplung.
——— rasche Koppelschwingung, O_1.
- - - - langsame Koppelschwingung, O_2.

Wegen $\Omega_1 = \omega_1 O_1 = \omega_1 \sqrt{1 + x^2}$ wird also die Frequenz der schnellen Koppelschwingung unendlich groß. (Das war zu erwarten, da sie schneller werden mußte, als jede der beiden ungekoppelten Eigenschwingungen.) $\Omega_2 = O_2 \cdot \omega_2 = 0 \cdot \infty$ hat jedoch einen endlichen Grenzwert; es ergibt sich nämlich

$$\Omega_2^2 = \operatorname*{Lim}_{C=0} \left\{\frac{1+x^2}{2}\left[1 - \sqrt{1 - \frac{4\sigma x^2}{(1+x^2)^2}}\right] \cdot \frac{1}{L_1}\left[\frac{1}{C_1} + \frac{1}{C}\right]\right\}$$

$$= \operatorname*{Lim}_{C=0} \left\{\frac{1+x^2}{2}\left[1 - 1 + \frac{2\sigma x^2}{(1+x^2)^2}\right]\left[\frac{1}{L_1 C_1} + \frac{1}{L_1 C}\right]\right\} =$$

$$= \operatorname*{Lim}_{C=0} \left\{\frac{\sigma x^2}{1+x^2} \cdot \frac{1}{L_1 C}\right\} = \frac{1}{L_1 + L_2} \cdot \operatorname*{Lim}_{C=0} \frac{\sigma}{C}$$

oder wegen (37)

$$\Omega_2^2 = \frac{1}{L_1 + L_2}\left[\frac{1}{C_1} + \frac{1}{C_2}\right], \tag{49}$$

und das ist in Übereinstimmung mit Formel (38).

Im Falle (2 b) haben wir $C_1 = C_2 = \infty$ werden zu lassen. Es wird nach (37)
$$\omega_1 = \frac{1}{\sqrt{C L_1}} \text{ und } \omega_2 = \frac{1}{\sqrt{C L_2}},$$
also $\Omega_1^2 = O_1^2 \omega_1^2 = (1 + x^2) \omega_1^2 = \omega_1^2 + \omega_2^2$, d. h.
$$\Omega_1^2 = \frac{1}{C}\left[\frac{1}{L_1} + \frac{1}{L_2}\right] \tag{50}$$
in Übereinstimmung mit Formel (39). Dagegen wird $\Omega_2^2 = \omega_1^2 \cdot 0 = 0$. Während also im Falle (2 a) die Frequenz der raschen Koppelschwingung unendlich groß, die der langsamen dagegen gleich der der wirklich auftretenden Schwingung wird, stellt im Falle (2 b) die rasche Koppelschwingung die wirklich auftretende Schwingung dar, und die langsame Koppelschwingung wird unendlich langsam.

Zwischen den Kurven für $\sigma = 1$ und $\sigma = 0$ liegen diejenigen für die Zwischenwerte von σ. Hieraus schon ist zu sehen (Bild 5), daß die Frequenz der raschen Koppelschwingung nur wenig von σ abhängig sein kann; nur in der Nähe der Resonanzstelle ($x = 1$) kann sie sich etwas mit der Kopplung ändern. Ebenso erkennt man sofort, daß die Frequenz der langsamen Koppelschwingung stark abhängig sein muß von der Größe der Kopplung.

Beides ist gerade umgekehrt der Fall bei der induktiven Kopplung. Da ändert sich die Frequenz der raschen Koppelschwingung stark, die der langsamen dagegen nur wenig mit dem Grade der Kopplung.

Es seien nun noch Näherungsausdrücke angegeben, die unter Umständen von Vorteil sein können. Entwickelt man zunächst den Wurzelausdruck $\sqrt{1 - \frac{4\sigma x^2}{(1+x^2)^2}}$, der noch häufiger auftreten wird, für kleine und große x und für die Umgebung der Resonanzstelle, so erhält man:

1. für kleine x: $(0 < x \ll 1)$
$$\sqrt{1 - \frac{4\sigma x^2}{(1+x^2)^2}} = 1 - 2\sigma x^2 + 2\sigma x^4 [2 - \sigma] + \ldots \tag{51}$$

2. für große x: $(1 \ll x < \infty)$
$$\sqrt{1 - \frac{4\sigma x^2}{(1+x^2)^2}} = 1 - 2\sigma \frac{1}{x^2} + 2\sigma \frac{1}{x^4}[2 - \sigma] + \ldots \tag{52}$$

3. für x nahe gleich 1, wenn $x = 1 + \varepsilon$ $(0 < |\varepsilon| \ll 1)$ gesetzt wird:
$$\sqrt{1 - \frac{4\sigma x^2}{(1+x^2)^2}} = \sqrt{1-\sigma} + \frac{\sigma}{2\sqrt{1-\sigma}} \varepsilon^2 + \ldots = k + \frac{\sigma}{2k}\varepsilon^2 + \ldots \tag{53}$$

Für O_1 und O_2 ergeben sich unter Benutzung von (51) bis (53) die folgenden Näherungsausdrücke:

1. für kleine x: $(0 < x \ll 1)$
$$O_1 = 1 + \frac{x^2}{2}(1-\sigma) = 1 + \frac{k^2}{2}x^2, \quad O_2 = x\sqrt{\sigma}\left[1 - \frac{k^2}{2}x^2\right], \tag{54}$$

2. für große x: $(1 \ll x < \infty)$
$$O_1 = x\left[1 + \frac{1}{x^2}\frac{-\sigma}{2}\right] = x\left[1 + \frac{k^2}{2}\frac{1}{x^2}\right], \quad O_2 = \sqrt{\sigma}\left[1 - \frac{k^2}{2}\frac{1}{x^2}\right], \tag{55}$$

3. für x nahe gleich 1: $(x = 1 + \varepsilon, \ 0 < |\varepsilon| \ll 1)$
$$O_1 = \sqrt{1+k}\left[1 + \frac{\varepsilon}{2}\right] = \sqrt{1+k}\frac{1+x}{2}, \quad O_2 = \sqrt{1-k}\left[1 + \frac{\varepsilon}{2}\right] = \sqrt{1-k}\frac{1+x}{2}. \tag{56}$$

Aus Bild 5 und den angegebenen Näherungsformeln ergibt sich ohne weiteres folgendes Verhalten der Koppelfrequenzen: die schnelle Koppelkreisfrequenz stimmt für sehr kleine und große Werte von x, d. h. für starke Verstimmung beider Kreise, sehr nahe überein mit der schnelleren der beiden ungekoppelten Eigenkreisfrequenzen. Je mehr man sich dem Resonanzpunkt nähert, desto größer wird die erstere im Vergleich zu der zweiten. Im Resonanzpunkte ($x = 1$, $\omega_1 = \omega_2 = \omega$) selbst hat das Verhältnis $\dfrac{\Omega_1}{\omega}$ seinen größten Wert $\sqrt{1+k}$.

Die langsame Koppelfrequenz Ω_2 dagegen ist, abgesehen von dem Falle vollkommen loser Kopplung, immer beträchtlich kleiner als die langsamere der beiden ungekoppelten Eigenfrequenzen. Für sehr starke Verstimmung beider Kreise kommt sie ihr am nächsten, und zwar hat das Verhältnis dieser beiden Frequenzen dort den Wert $\sqrt{\sigma}$. Je mehr man sich dem Resonanzpunkte nähert, desto mehr noch unterscheidet sich verhältnismäßig die langsame Koppelfrequenz Ω_2 von der langsameren der beiden ungekoppelten Eigenfrequenzen. Im Resonanzpunkte selbst hat das Verhältnis $\dfrac{\Omega_2}{\omega}$ den Wert $\sqrt{1-k}$.

Bei der induktiven Kopplung liegen die Verhältnisse gerade umgekehrt. Dort ist die schnelle Koppelschwingung immer beträchtlich schneller als die schnellere der beiden ungekoppelten Eigenschwingungen, während die langsame Koppelschwingung sich verhältnismäßig nur wenig unterscheidet von der langsameren der beiden ungekoppelten Eigenschwingungen.

IV. Die Dämpfungen der Koppelfrequenzen.

Wir berücksichtigen jetzt die bisher vernachlässigten Widerstände. Unsere Differentialgleichung für die Koppelschwingungen hat jetzt die allgemeine Form (22). Der Ansatz $i = e^{j\bar{\Omega}t}$ führt zu der folgenden Bestimmungsgleichung für $\bar{\Omega}$:

$$\bar{\Omega}^4 - \bar{\Omega}^2[\omega_1^2 + \omega_2^2] + \omega_1^2\omega_2^2\sigma =$$
$$= j\bar{\Omega}^3 2[h_1 + h_2] + \bar{\Omega}^2 4h_1h_2 - j\bar{\Omega} 2[\omega_2^2 h_1 + \omega_1^2 h_2]. \tag{57}$$

Wir machen nun die Voraussetzung, h_1 und h_2 seien gegen ω_1 und ω_2 kleine Größen, d. h. die Ohmschen Widerstände R_1 und R_2 seien klein gegen die induktiven Widerstände $(L_1\omega_1)$ und $(L_2\omega_2)$. Dann werden sich die zu berechnenden Werte $\bar{\Omega}$ nur wenig von den früher gefundenen Ω_1 und Ω_2 unterscheiden. Setzen wir mit Prof. Rogowski an $\bar{\Omega} = \Omega(1 + \xi)$, so wird also ξ eine gegen 1 kleine Größe werden. Führen wir das ξ in unsere Gleichung (57) ein, entwickeln nach Potenzen von ξ und vernachlässigen alle von höherer als der ersten Ordnung kleinen Glieder, so bekommen wir als Bestimmungsgleichung von ξ die folgende:

$$\Omega^4(1 + 4\xi) - \Omega^2[\omega_1^2 + \omega_2^2](1 + 2\xi) + \omega_1^2\omega_2^2\sigma =$$
$$= j\Omega^3 2[h_1 + h_2] - j\Omega 2[\omega_2^2 h_1 + \omega_1^2 h_2] \tag{58}$$

und hieraus:

$$j \cdot \xi \cdot \Omega = -\frac{\Omega^2[h_1 + h_2] - [\omega_2^2 h_1 + \omega_1^2 h_2]}{2\Omega^2 - [\omega_1^2 + \omega_2^2]} = -\alpha. \tag{59}$$

$j\xi\Omega$ ist reell, d. h. die Koppelfrequenzen erleiden durch die Einführung der kleinen Widerstände gegen früher keine Änderung. Waren aber früher die Koppelschwingungen ungedämpft, so sind sie jetzt gedämpft, und α ist ihr Dämpfungsexponent. Wir können schreiben:

$$\alpha = h_1 \frac{\Omega^2 - \omega_2^2}{2\Omega^2 - [\omega_1^2 + \omega_2^2]} + h_2 \frac{\Omega^2 - \omega_1^2}{2\Omega^2 - [\omega_1^2 + \omega_2^2]}. \tag{60}$$

Je nachdem wir für Ω den Wert Ω_1 der raschen oder den Wert Ω_2 der langsamen Koppelfrequenz einsetzen, erhalten wir den Dämpfungsexponenten α_1 der raschen oder α_2 der langsamen Koppelwelle:

$$\left.\begin{array}{l}\alpha_1 = h_1 \dfrac{\Omega_1^2 - \omega_2^2}{2\Omega_1^2 - [\omega_1^2 + \omega_2^2]} + h_2 \dfrac{\Omega_1^2 - \omega_1^2}{2\Omega_1^2 - [\omega_1^2 + \omega_2^2]} \\[6pt] \alpha_2 = h_1 \dfrac{\Omega_2^2 - \omega_2^2}{2\Omega_2^2 - [\omega_1^2 + \omega_2^2]} + h_2 \dfrac{\Omega_2^2 - \omega_1^2}{2\Omega_2^2 - [\omega_1^2 + \omega_2^2]}.\end{array}\right\} \quad (61)$$

Führen wir unsere früheren Bezeichnungen (44) wieder ein und erinnern wir uns der Beziehung (47), so können wir einfacher schreiben:

$$\left.\begin{array}{l}\alpha_1 = h_1 \dfrac{O_1^2 - x^2}{O_1^2 - O_2^2} + h_2 \dfrac{O_1^2 - 1}{O_1^2 - O_2^2} = h_1 \dfrac{1 - O_2^2}{O_1^2 - O_2^2} + h_2 \dfrac{O_1^2 - 1}{O_1^2 - O_2^2} \\[6pt] \alpha_2 = h_1 \dfrac{x^2 - O_2^2}{O_1^2 - O_2^2} + h_2 \dfrac{1 - O_2^2}{O_1^2 - O_2^2} = h_1 \dfrac{O_1^2 - 1}{O_1^2 - O_2^2} + h_2 \dfrac{1 - O_2^2}{O_1^2 - O_2^2}\end{array}\right\} \quad (62)$$

oder kürzer noch:

$$\left.\begin{array}{c}\alpha_1 = h_1 U_1 + h_2 U_2 \qquad \alpha_2 = h_1 U_2 + h_2 U_1, \\[6pt] \text{wo} \quad U_1 = \dfrac{1 - O_2^2}{O_1^2 - O_2^2} \qquad U_2 = \dfrac{O_1^2 - 1}{O_1^2 - O_2^2}.\end{array}\right\} \quad (63)$$

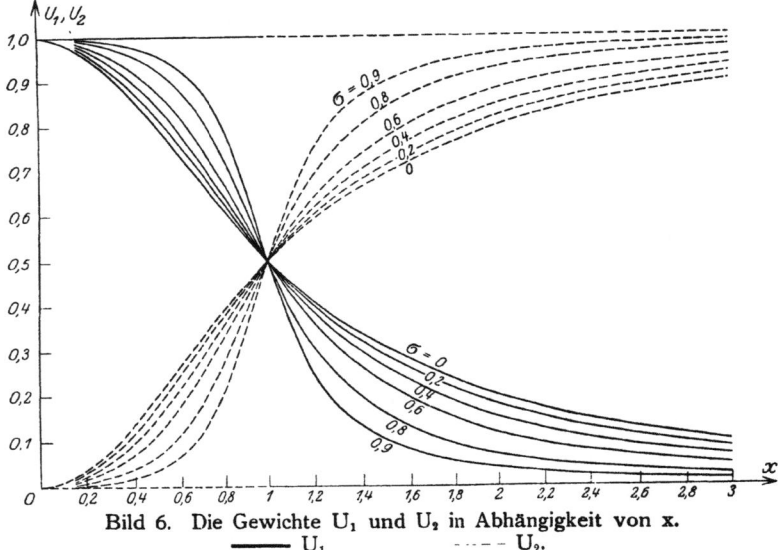

Bild 6. Die Gewichte U_1 und U_2 in Abhängigkeit von x.
——— U_1 ----- U_2.

Wie bei der induktiven erhalten wir also auch bei der kapazitiven Kopplung die Dämpfungen einer jeden der beiden Koppelschwingungen aus den Dämpfungen h_1 und h_2 der ungekoppelten Kreise, indem wir h_1 und h_2 je mit gewissen Gewichten multiplizieren und dann addieren. Das ist natürlich nicht weiter verwunderlich, denn wir haben ja eigentlich nur eine Reihenentwicklung für α nach Potenzen von h_1 und h_2 angesetzt und nach den Gliedern erster Ordnung abgebrochen. Die Gewichte U sind wie O_1 und O_2 Funktionen der Verstimmung (x) und der Streuung (σ). Während jedoch bei der induktiven Kopplung alle vier Gewichte voneinander verschieden sind, haben wir hier nur zwei Gewichte, U_1 und U_2 zu betrachten. Führen wir für O_1 und O_2 die Ausdrücke (45) ein, so bekommen wir U_1 und U_2 direkt als Funktionen von x und σ:

$$U_1 = \dfrac{1}{2}\left[1 + \dfrac{\dfrac{1-x^2}{1+x^2}}{\sqrt{1 - \dfrac{4\sigma x^2}{(1+x^2)^2}}}\right] \qquad U_2 = \dfrac{1}{2}\left[1 - \dfrac{\dfrac{1-x^2}{1+x^2}}{\sqrt{1 - \dfrac{4\sigma x^2}{(1+x^2)^2}}}\right]. \quad (64)$$

In Bild 6 sind die Gewichte U_1 (ausgezogen) und U_2 (gestrichelt) als Funktionen von x für verschiedene feste Werte von σ dargestellt. Da $1 - O_2^2$, $O_1^2 - 1$ und $O_1^2 - O_2^2$ nie negativ sind, so sind es nach (63) auch nie die Gewichte. Da ferner aus (63) oder aus (64) sofort die einfache Beziehung
$$U_1 + U_2 = 1 \tag{65}$$
folgt, so haben wir allgemein:
$$0 \leq U_1 \leq 1 \quad \text{und} \quad 0 \leq U_2 \leq 1.$$

Jede der beiden Koppeldämpfungen setzt sich also additiv zusammen aus gewissen echten Bruchteilen der Einzeldämpfungen h_1 und h_2. Und zwar ist, wie sich sofort aus (63) und (65) ergibt, immer
$$\alpha_1 + \alpha_2 = h_1 + h_2, \tag{66}$$
d. h. die Summe der beiden Koppeldämpfungen ist immer gleich der Summe der beiden ungekoppelten Einzeldämpfungen.

Bei der induktiven Kopplung liegen die Verhältnisse anders. Dort ist, wie sofort aus den von Prof. Rogowski angegebenen Formeln folgt,
$$\alpha_1 + \alpha_2 = \frac{1}{\sigma}[h_1 + h_2].$$

Die Summe der beiden Koppeldämpfungen ist also dort im allgemeinen größer, bei engerer Kopplung sogar beträchtlich größer als die Summe der beiden ungekoppelten Einzeldämpfungen.

Kehren wir zurück zur kapazitiven Kopplung, so können wir wegen (65) α_1 und α_2 in der Form schreiben:
$$\left. \begin{array}{l} \alpha_1 = h_2 + (h_1 - h_2) U_1 \\ \alpha_2 = h_1 - (h_1 - h_2) U_1 \end{array} \right\} \tag{67}$$
Da U_1 ja nie negativ ist, so folgt daraus, daß die Werte der beiden Koppeldämpfungen immer zwischen h_1 und h_2 liegen. Denn ist h_1 größer als h_2, so ist $\alpha_1 = h_2 + (h_1 - h_2) U_1 > h_2$ und ebenso $\alpha_2 = h_1 - (h_1 - h_2) U_1 < h_1$; ist dagegen h_1 kleiner als h_2, so ist $\alpha_1 = h_2 + (h_1 - h_2) U_1 < h_2$ und $\alpha_2 = h_1 - (h_1 - h_2) U_1 > h_1$.

Sind insbesondere die beiden Einzeldämpfungen einander gleich, ist also $h_1 = h_2 = h$, so sind auch die Dämpfungen der beiden Koppelwellen ihnen gleich, d. h. es ist dann auch $\alpha_1 = \alpha_2 = h$.

Auch dies ist anders als bei der induktiven Kopplung. Sind dort die beiden Einzeldämpfungen h_1 und h_2 einander gleich, so gilt da Folgendes: Für starke Verstimmung beider Kreise ist die Dämpfung der langsamen Koppelwelle nahe gleich den ungekoppelten Einzeldämpfungen; je mehr man sich jedoch der Resonanzstelle nähert, desto kleiner wird die Dämpfung der langsamen Koppelwelle; sie hat bei Resonanz ein Minimum, das um so stärker ausgeprägt ist, je enger die Kopplung ist. Die Dämpfung der raschen Koppelwelle ist für starke Verstimmung beider Kreise nahe gleich dem $\frac{1}{\sigma}$-fachen der ungekoppelten Dämpfungen, also bei festen Kopplungen beträchtlich größer als h. Je mehr man sich dem Resonanzpunkt nähert, desto größer noch wird die Dämpfung der raschen Koppelwelle, bei Resonanz hat sie ein Maximum. Dies unterschiedliche Verhalten der Koppeldämpfungen bei kapazitiver und induktiver Kopplung ist in Bild 7 veranschaulicht.

Um uns näher über die Koppeldämpfungen bei kapazitiver Kopplung zu orientieren, müssen wir die Gewichte U_1 und U_2 in ihrer Abhängigkeit von x und σ untersuchen. Entwickelt man U_1 und U_2 für kleine und große x nach Potenzen von x bzw. $\frac{1}{x}$ und für die Nachbarschaft der Resonanzstelle nach Potenzen von $\varepsilon = x - 1$, so erhält man unter Vernachlässigung von Gliedern höherer Ordnung

$$\left.\begin{array}{ll}
1.\ \text{für kleine } x: & \\
U_1 = 1 - x^2\,(1-\sigma) & U_2 = x^2\,(1-\sigma), \\
2.\ \text{für } x = 1 + \varepsilon: & \\
U_1 = \frac{1}{2}\left[1 - \frac{1}{k}\,\varepsilon\right] = \frac{1}{2}\left[1 - \frac{x-1}{k}\right] & \\
U_2 = \frac{1}{2}\left[1 + \frac{1}{k}\,\varepsilon\right] = \frac{1}{2}\left[1 + \frac{x-1}{k}\right], & \\
3.\ \text{für große } x: & \\
U_1 = \frac{1}{x^2}(1-\sigma) & U_2 = 1 - \frac{1}{x^2}(1-\sigma).
\end{array}\right\} \qquad (68)$$

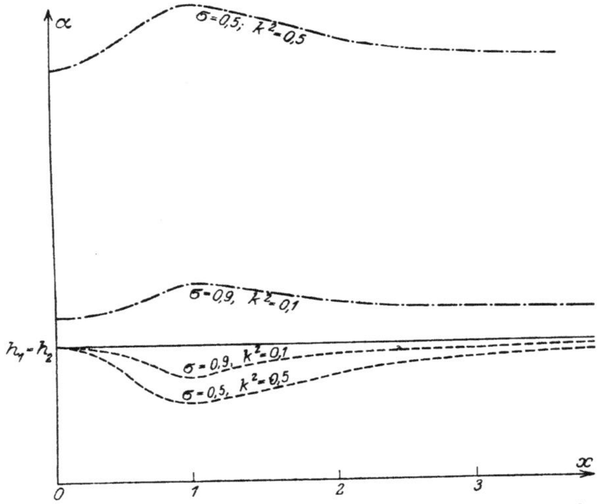

Bild 7. Die Dämpfungen der Koppelschwingungen bei kapazitiver und induktiver Kopplung. Dämpfungen ungekoppelt primär und sekundär einander gleich ($h_1 = h_2$).
——— kap. Kopplung, für rasche und langsame Koppelschwingung geltend,
-·-·-· } indukt. Kopplung, für rasche Koppelschwingung geltend,
- - - - } indukt. Kopplung, für langsame Koppelschwingung geltend.

Es ist also für kleine x in großer Annäherung U_1 gleich 1 und U_2 gleich 0 (Bild 6), und somit $\alpha_1 = h_1$ und $\alpha_2 = h_2$; d. h. die Dämpfung der $\left\{\begin{matrix}\text{raschen}\\ \text{langsamen}\end{matrix}\right\}$ Koppelwelle ist für kleine x sehr nahe gleich der Dämpfung der $\left\{\begin{matrix}\text{rascheren}\\ \text{langsameren}\end{matrix}\right\}$ der beiden ungekoppelten Wellen. Genau dasselbe ergibt sich auch für große x; jetzt wird α_1 gleich h_2 und $\alpha_2 = h_1$, d. h. es ist wieder die Dämpfung der $\left\{\begin{matrix}\text{raschen}\\ \text{langsamen}\end{matrix}\right\}$ Koppelwelle sehr nahe gleich der Dämpfung der $\left\{\begin{matrix}\text{rascheren}\\ \text{langsameren}\end{matrix}\right\}$ der beiden ungekoppelten Wellen. Die beiden letzten Sätze zusammenfassend können wir sagen:

Sind die beiden miteinander gekoppelten Schwingungskreise stark gegeneinander verstimmt, so ist die Dämpfung der raschen bzw. der langsamen Koppelschwingung sehr nahe gleich der Dämpfung der rascheren bzw. der langsameren der beiden ungekoppelten Eigenschwingungen.

Bei induktiver Kopplung gilt das Entsprechende nur für die langsame Koppelwelle, die rasche Koppelwelle dagegen ist im allgemeinen, besonders bei festen

Kopplungen, stärker gedämpft als die raschere der beiden ungekoppelten Eigenschwingungen.

Im Resonanzpunkt ist bei kapazitiver Kopplung $U_1 = U_2 = \frac{1}{2}$, also $\alpha_1 = \alpha_2 = \frac{h_1 + h_2}{2}$, d. h. die Dämpfungen der beiden Koppelwellen sind einander gleich, und zwar gleich dem arithmetischen Mittel aus den beiden ungekoppelten Einzeldämpfungen, unabhängig vom Grade der Kopplung.

Bei der induktiven Kopplung liegen die Verhältnisse anders. Dort ist im allgemeinen die Dämpfung der langsamen Koppelschwingung kleiner, die der raschen Koppelschwingung dagegen größer, bei festen Kopplungen sogar beträchtlich größer als das arithmetische Mittel aus den beiden ungekoppelten Einzeldämpfungen.

Verfolgen wir jetzt zusammenfassend bei kapazitiver Kopplung für einen festgehaltenen Wert von σ das Verhalten der beiden Koppeldämpfungen in seiner Abhängigkeit von der Verstimmung beider Kreise, so können wir — wenn wir noch die Darstellung (67) und den monotonen Verlauf der Kurven U_1 (Bild 6) beachten — folgendes aussagen (s. hierzu Bild 8 und 9):

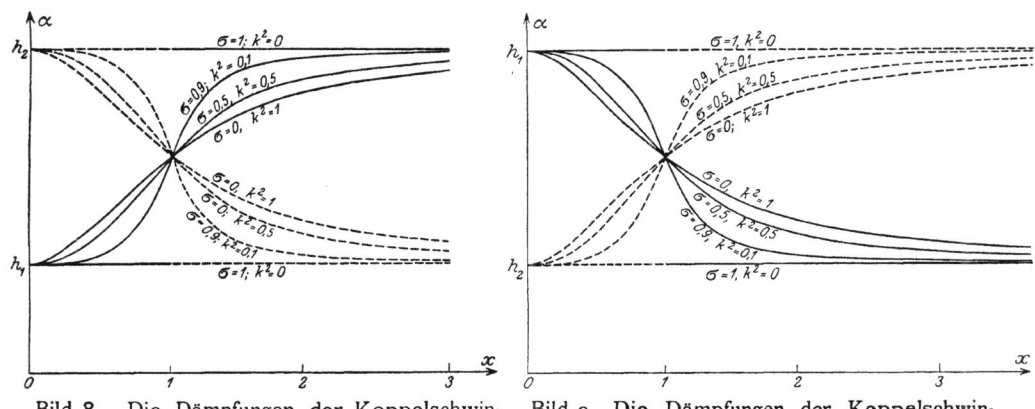

Bild 8. Die Dämpfungen der Koppelschwingungen bei kapazitiver Kopplung. Dämpfung ungekoppelt sekundär dreimal so groß wie primär ($h_2 = 3 h_1$).

Bild 9. Die Dämpfungen der Koppelschwingungen bei kapazitiver Kopplung. Dämpfung ungekoppelt primär dreimal so groß wie sekundär ($h_1 = 3 h_2$).

Für sehr kleine Werte von x ist der Dämpfungsexponent der rascheren Koppelschwingung gleich demjenigen der rascheren der beiden ungekoppelten Schwingungen, d. h. gleich h_1; nähert man sich der Resonanzstelle, so nähert sich der Wert von α_1 allmählich dem Dämpfungsexponenten h_2 der langsameren der beiden ungekoppelten Eigenschwingungen; im Resonanzpunkt hat er gerade das Mittel $\frac{h_1 + h_2}{2}$ zwischen h_1 und h_2 erreicht. Wächst nun x über 1 hinaus, so nähert sich α_1 immer mehr dem Werte h_2, der von nun an jedoch den Dämpfungsexponenten der rascheren der beiden ungekoppelten Eigenfrequenzen darstellt. Für unendlich große x endlich wird α_1 gleich h_2, also wieder gleich dem Dämpfungexponenten der rascheren der beiden ungekoppelten Eigenfrequenzen. Durchläuft man also x von 0 bis ∞, so ändert sich α_1 monoton von h_1 bis h_2; je nachdem h_1 größer oder kleiner als h_2 ist, nimmt α_1 entweder immer ab oder immer zu (Bild 8 und 9).

Wegen $\alpha_1 + \alpha_2 = h_1 + h_2$ erhält man den Verlauf der Kurven α_2 sofort, indem man die Kurven α_1 an der Parallelen zur x = Achse im Abstande $\frac{h_1 + h_2}{2}$ spiegelt

(Bild 8 und 9). Über die Dämpfung der langsamen Koppelwelle können wir also folgendes aussagen:

Für sehr kleine Werte von x ist der Dämpfungsexponent α_2 gleich demjenigen der langsameren der beiden ungekoppelten Eigenschwingungen, nämlich gleich h_2. Wächst x, so nähert α_2 sich allmählich dem Dämpfungsexponenten h_1 der rascheren der beiden ungekoppelten Eigenfrequenzen. Im Resonanzpunkt hat α_2 gerade das arithmetische Mittel von h_1 und h_2 erreicht. Wächst nun x über 1 hinaus, so nähert sich α_2 immer mehr dem Werte h_1, der von nun an jedoch den Dämpfungsexponenten der langsameren der beiden ungekoppelten Eigenschwingungen darstellt. Für unendlich große x endlich wird α_2 gleich h_1, also wieder gleich dem Dämpfungsexponenten der langsameren der beiden ungekoppelten Eigenschwingungen.

Die Abhängigkeit der Dämpfungen α_1 und α_2 von der Streuung erkennt man leicht, wenn man wieder die Darstellung (67) zugrunde legt und die Abhängigkeit des Gewichtes U_1 von der Streuung untersucht. Nähert man sich von kleinen und von großen Werten x der Resonanzstelle, so bleiben (vgl. (68) und Bild 6) die U_1 — Werte um so näher bei 1 und bei 0, je größer die Streuung, d. h. je loser die Kopplung ist. Dafür verläuft die U_1 — Kurve in der Nachbarschaft der Resonanzstelle um so steiler, je loser die Kopplung ist (vgl. (68) und Bild 6). Daraus folgt für die Abhängigkeit der Dämpfungen von der Streuung folgendes:

Die Dämpfung $\left\{\begin{array}{l}\alpha_1\\\alpha_2\end{array}\right\}$ der $\left\{\begin{array}{l}\text{raschen}\\\text{langsamen}\end{array}\right\}$ Koppelwelle ist für große und kleine x um so weniger von der Dämpfung der $\left\{\begin{array}{l}\text{rascheren}\\\text{langsameren}\end{array}\right\}$ der beiden ungekoppelten Schwingungen verschieden, je loser die Kopplung ist. Für die Resonanzstelle selbst ist sie unabhängig von der Streuung $\Big($sämtliche $U_1 =$ Kurven gehen ja für x $= 1$ durch den Punkt $\frac{1}{2}\Big)$. Dafür ändert sie sich beim Verlassen der Resonanzstelle um so schneller mit x, je loser die Kopplung ist. Für vollkommen lose Kopplung ist $U_1 = 1$, für $x < 1$ und $U_1 = 0$ für $x > 1$ (s. den ausgezogenen gebrochenen Linienzug von Bild 6). Das bedeutet für die Dämpfungen der Koppelwellen, daß, unabhängig von der Verstimmung der beiden Kreise, bei vollkommen loser Kopplung die Dämpfung der $\left\{\begin{array}{l}\text{raschen}\\\text{langsamen}\end{array}\right\}$ Koppelwelle gleich ist der Dämpfung der $\left\{\begin{array}{l}\text{rascheren}\\\text{langsameren}\end{array}\right\}$ der beiden ungekoppelten Eigenschwingungen. Dies ist selbstverständlich, da ja bei vollkommen loser Kopplung die Koppelschwingungen mit den Schwingungen der ungekoppelten Kreise übereinstimmen.

Von Interesse ist noch der Fall vollkommen fester Kopplung ($\sigma = 0$). U_1 und U_2 werden dort zu

$$U_1 = \frac{1}{1+x^2} \text{ und } U_2 = \frac{x^2}{1+x^2}, \tag{69}$$

somit α_1 und α_2 zu

$$\left.\begin{array}{l}\alpha_1 = h_1 \dfrac{1}{1+x^2} + h_2 \dfrac{x^2}{1+x^2}\\[2mm]\alpha_2 = h_1 \dfrac{x^2}{1+x^2} + h_2 \dfrac{1}{1+x^2}.\end{array}\right\} \tag{70}$$

und

Wenden wir diese Formeln auf die oben behandelten Spezialfälle 2a und 2b von Seite 265 an, so haben wir im Falle

2a: (C = 0), in welchem die langsame Koppelschwingung die wirklich auftretende Schwingung darstellt, $x^2 = \dfrac{L_1}{L_2}$,

also
$$\alpha_2 = h_1 \frac{L_1}{L_1 + L_2} + h_2 \frac{L_2}{L_1 + L_2}$$
$$\alpha_2 = \frac{R_1 + R_2}{2[L_1 + L_2]} \tag{71}$$

in Übereinstimmung mit Formel (38).

2 b: ($C_1 = C_2 = \infty$), in welchem die rasche Koppelschwingung die wirklich auftretende Schwingung darstellt, ebenfalls

$$x^2 = \frac{L_1}{L_2}, \text{ also } \alpha_2 = h_1 \frac{L_2}{L_1 + L_2} + h_2 \frac{L_1}{L_1 + L_2}$$

oder

$$\alpha_2 = \frac{1}{2[L_1 + L_2]} \left[R_1 \frac{L_2}{L_1} + R_2 \frac{L_1}{L_2} \right]. \tag{72}$$

Wie im oben näher behandelten Sonderfalle gleicher ungekoppelter Dämpfungen ($h_1 = h_2 = h$), so lassen sich auch für den allgemeinen Fall, daß h_1 und h_2 voneinander

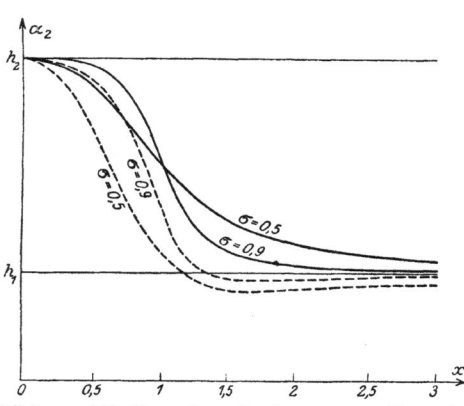
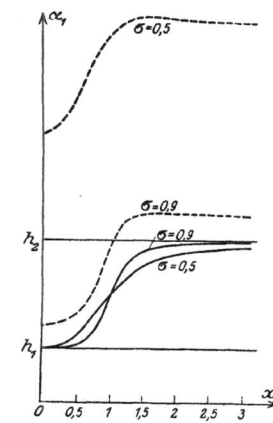

Bild 10. Die Dämpfung der langsamen Koppelschwingung bei kapazitiver und bei induktiver Kopplung. $h_2 = 3 h_1$.
——— kapazitive Kopplung.
- - - - induktive Kopplung.

Bild 11. Die Dämpfung der raschen Koppelschwingung bei kapazitiver und bei induktiver Kopplung. $h_2 = 3 h_1$.
——— kapazitive Kopplung.
- - - - induktive Kopplung.

verschieden sind, bedeutende Unterschiede zwischen den Dämpfungen der Koppelwellen bei kapazitiver und bei induktiver Kopplung feststellen. Zur Veranschaulichung dieser Unterschiede sollen die Bilder 10 und 11 dienen; das erste für die langsame, das zweite für die rasche Koppelwelle. Sie sind berechnet unter der Annahme $h_2 = 3 h_1$.

Im allgemeinen läßt sich kurz sagen: Die Dämpfung der langsamen Koppelwelle ist bei induktiver Kopplung geringer als unter sonst gleichen Bedingungen bei kapazitiver Kopplung. Sie kann insbesondere bei induktiver Kopplung im Gegensatz zur kapazitiven kleiner sein als die Dämpfung der langsameren der beiden ungekoppelten Einzelwellen. Die Dämpfung der raschen Koppelwelle ist bei induktiver Kopplung größer, bei festen Kopplungen ganz beträchtlich größer als bei kapazitiver Kopplung.

Zur Berechnung der Koppeldämpfungen hatten wir in der Bestimmungsgleichung (57) für $\bar{\Omega}$ dieses gleich $\Omega(1 + \xi)$ gesetzt und bei der Ausrechnung von ξ alle von höherer als der ersten Ordnung kleinen Glieder vernachlässigt. Es liegt nun nahe, zwecks besserer Annäherung dieselbe Rechnung auch unter Beibehaltung noch der von zweiter Ordnung kleinen Glieder auszuführen. Man erhält dann eine quadratische

Gleichung für ξ, und es bietet keine Schwierigkeit, ξ daraus als Funktion von x und σ zu berechnen. Es zeigt sich bei der Durchführung, daß der rein imaginäre Bestandteil von ξ sich gegenüber den von uns oben erhaltenen Formeln nicht ändert, d. h. es treten zu unsern Formeln für die Koppeldämpfungen keine Glieder hinzu, welche h_1^2, h_2^2 und $h_1 h_2$ als Faktoren enthalten. Die von uns für die Koppeldämpfungen aufgestellten Näherungsformeln (63) und (64) sind also nicht nur in erster, sondern auch in zweiter Annäherung als gültig zu betrachten.

Wir haben nun noch den Anschluß an die in der Einleitung erwähnte Arbeit von M. Wien herzustellen. Wir haben also unsere Ergebnisse zu vergleichen mit den dort angegebenen Formeln für die Koppeldämpfungen bei vorherrschender Kopplung. Diese lauten in unseren Bezeichnungen und in einer der unseren angepaßten Schreibweise:

$$\alpha_1 = h_1 \frac{1}{2}\left[1 - \frac{\eta}{\sqrt{\eta^2 + k^2 \gamma^2}}\right] + h_2 \frac{1}{2}\left[1 + \frac{\eta}{\sqrt{\eta^2 + k^2 \gamma^2}}\right]$$

$$\alpha_2 = h_1 \frac{1}{2}\left[1 + \frac{\eta}{\sqrt{\eta^2 + k^2 \gamma^2}}\right] + h_2 \frac{1}{2}\left[1 - \frac{\eta}{\sqrt{\eta^2 + k^2 \gamma^2}}\right].$$

Darin ist

$$\gamma_1 = \sqrt{\omega_1^2 - h_1^2}, \quad \gamma_2 = \sqrt{\omega_2^2 - h_2^2}, \quad \eta = \gamma_2 - \gamma_1.$$

Die Formeln gelten, wie schon erwähnt, nur für unmittelbare Nachbarschaft der Resonanzstelle, η ist also gegen γ_1 und γ_2 als sehr kleine Größe zu betrachten.

Vergleichen wir diese Formeln mit den unseren, so haben wir nur zu zeigen, daß für die Nachbarschaft der Resonanzstelle der Ausdruck

$$\frac{\eta}{\sqrt{\eta^2 + k^2 \gamma^2}}$$

gleich $U_2 - \frac{1}{2}$, also gleich $\frac{1}{k}\varepsilon$, ($\varepsilon = x - 1$), ist. Wir entwickeln dazu den Wurzelausdruck nach Potenzen von η:

$$\frac{\eta}{\sqrt{\eta^2 + k^2 \gamma^2}} = \frac{\eta}{k \gamma}\left\{1 + \frac{\eta^2}{k^2 \gamma^2}\right\}^{-\frac{1}{2}} = \frac{\eta}{k \gamma} - \frac{1}{2}\frac{\eta^3}{k^3 \gamma^3}.$$

Das Glied $\frac{\eta^3}{k^3 \gamma^3}$ können wir vernachlässigen. Wir brauchen also nur noch zu zeigen, daß $\frac{\eta}{k \cdot \gamma}$ mit unserem $\frac{1}{k}\varepsilon$, daß also $\frac{\eta}{\gamma}$ mit ε übereinstimmt.

Da η nahe gleich $\omega_2 - \omega_1$ ist und wir für γ in erster Annäherung ω_1 schreiben können, so haben wir

$$\frac{\eta}{\gamma} = \frac{\omega_2 - \omega_1}{\omega_1} = x - 1 = \varepsilon.$$

Damit ist gezeigt, daß tatsächlich unsere Ergebnisse für die unmittelbare Nachbarschaft der Resonanzstelle mit den M. Wienschen in Einklang stehen.

Über das Ziehen des Zwischenkreisröhrensenders bei kapazitiver Kopplung.

Von

Walter Grösser.

(Mitteilung aus dem Elektrotechnischen Institut der Technischen Hochschule Aachen.)

Die bekannten Erscheinungen des Ziehens von Zwischenkreisröhrensendern stehen heute für die Praxis der drahtlosen Telegraphie im Vordergrunde des Interesses. Für den Konstrukteur von Röhrensendern ist es eine der wichtigsten Aufgaben, Mittel und Wege zur Beseitigung des höchst lästigen Ziehens zu finden. Dazu benötigt er eine übersichtliche Theorie, die ihm die Abhängigkeit der Erscheinungen von den jeweiligen Bedingungen klar vor Augen führt und die ihm alle gewünschten quantitativen Aufschlüsse zu liefern vermag.

Für induktiv gekoppelte Schwingungskreise hat die Theorie des Ziehens ihre bisher wohl einfachste und am leichtesten zu durchschauende Gestalt gewonnen durch eine kürzlich erschienene Arbeit von Herrn Prof. Rogowski[1]). Ihr liegen die Ergebnisse einer früheren Abhandlung über die Dämpfungen der Koppelschwingungen zweier induktiv gekoppelter Schwingungskreise[2]) zugrunde. Für den Konstrukteur von Zwischenkreisröhrensendern kommt es darauf an, die bestmöglichen Bedingungen herauszufinden, unter denen er das Ziehen vermeiden kann. Dazu ist u. a. notwendig, nicht nur induktive Kopplung, sondern auch andere Kopplungsarten beider Schwingungskreise in den Bereich der Betrachtung hineinzuziehen. In vorliegender Arbeit soll darum — auf Veranlassung von Herrn Prof. Rogowski — das Ziehen von Zwischenkreisröhrensendern bei rein kapazitiver Kopplung zwischen Primär- und Sekundärkreis rechnerisch untersucht werden, und zwar nach einer der Rogowskischen vollständig entsprechenden Methode. Auch hier müssen die Ergebnisse einer früheren Arbeit[3]) über die Dämpfungen der Koppelschwingungen zweier kapazitiv gekoppelter Schwingungskreise als bekannt vorausgesetzt werden.

Es wird sich zeigen, daß auch bei kapazitiver Kopplung Zieherscheinungen auftreten. Die Stellen, an denen die Frequenzsprünge stattfinden bzw. diejenigen, an denen ein Aussetzen der Schwingungen erfolgt, werden sich formelmäßig leicht bestimmen lassen. Wenn sich auch im allgemeinen die Erscheinungen bei kapazitiver und induktiver Kopplung als ziemlich analog erweisen werden, so werden doch immerhin einige nicht unbeträchtliche Unterschiede zutage treten.

I. Berechnung der Zusatzdämpfungen.

Wir legen unseren Rechnungen zwei kapazitiv gekoppelte Schwingungskreise allgemeinster Art zugrunde. Diese bestehen aus einem System von beliebig gestalteten und angeordneten Leitern, von denen zwei mal zwei durch eine Selbstinduktion L und einen Widerstand R miteinander verbunden sind. Die Enden der Selbstinduktion L_1 (einschließlich des Widerstandes R_1) des Primärkreises legen wir auf bekannte Weise an die Elektronenröhre an und koppeln das Gitter der Röhre induktiv mit dem Primärkreise. (Bild 1).

Mit $\begin{Bmatrix} P_1 \\ P_2 \end{Bmatrix}$ bezeichnen wir — wie früher — die Potentialdifferenz, die, bei geöffneten Schwingungskreisen, zwischen den beiden Leitern des $\begin{Bmatrix} \text{Primär-} \\ \text{Sekundär-} \end{Bmatrix}$kreises

---

[1]) W. Rogowski, Arch. f. Elektr. X, S. 1—14.
[2]) Derselbe, Arch. f. Elektr. IX, S. 427—438.
[3]) Grösser, Arch. f. Elektrotechnik X, S. 257—276.

entstehen, wenn sie selbst mit den Elektrizitätsmengen $+1$ und -1 geladen werden. P sei dagegen diejenige Potentialdifferenz, die zwischen den Leitern des einen Kreises entsteht, wenn die des andern mit den Elektrizitätsmengen $+1$ und -1 geladen werden. Als Beispiel diene die spezielle Schaltung des Bildes 2. Hier haben P_1, P_2 und P die Werte

$$P_1 = \frac{1}{C_1} + \frac{1}{C}, \quad P_2 = \frac{1}{C_2} + \frac{1}{C} \text{ und } P = \frac{1}{C}. \tag{1}$$

Mit den in Bild 1 und 2 eingetragenen Bezeichnungen gelten die folgenden, den bekannten Vallaurischen Ansatz enthaltenden Beziehungen:

$$i_a = i_1 - i = S e_g + \frac{1}{R_i} e_a \tag{2}$$

$$e_g = Mg \frac{di_1}{dt} \tag{3}$$

$$e_a = -i_1 R_1 - L_1 \frac{di_1}{dt} \tag{4}$$

$$L_1 \frac{di_1}{dt} + R_1 i_1 + P_1 \int i \, dt + P \int i_2 \, dt = 0 \tag{5}$$

$$L_2 \frac{di_2}{dt} + R_2 i_2 + P_2 \int i_2 \, dt + P \int i \, dt = 0. \tag{6}$$

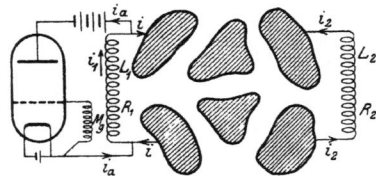
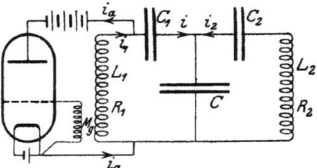

Bild 1. Allgemeines Schema eines Zwischenkreisröhrensenders mit kapazitiver Kopplung zwischen Primär- und Sekundärkreis.

Bild 2. Zwischenkreisröhrensender mit kapazitiver Kopplung zwischen Primär- und Sekundärkreis.

Dabei bedeuten S und R_i die Steilheit und den inneren Widerstand der Röhre, Mg den gegenseitigen Induktionskoeffizienten zwischen Primärkreis und Gitterspule. Aus (2), (3) und (4) folgt

$$i = i_1 \left(1 + \frac{R_1}{R_i}\right) + \frac{di_1}{dt} \left[\frac{L_1}{R_i} - SMg\right]. \tag{7}$$

Einmalige Differentiation von (5) und (6) nach t und Elimination von i mittels (7) ergibt die beiden Differentialgleichungen für i_1 und i_2:

$$L_1 \frac{d^2 i_1}{dt^2} + \left\{R_1 - P_1 \left[SMg - \frac{L_1}{R_i}\right]\right\} \frac{di_1}{dt} + P_1 \left[1 + \frac{R_1}{R_i}\right] i_1 + P i_2 = 0, \tag{8}$$

$$L_2 \frac{d^2 i_2}{dt^2} + R_2 \frac{di_2}{dt} + P_2 i_2 - P \left[SMg - \frac{L_1}{R_i}\right] \frac{di_1}{dt} + P \left[1 + \frac{R_1}{R_i}\right] i_1 = 0. \tag{9}$$

$\frac{R_1}{R_i}$ ist unter den tatsächlich in der Praxis vorhandenen Umständen immer so klein gegen 1, daß wir es unbedenklich vernachlässigen können. Unsere Differentialgleichungen erhalten dadurch die einfachere Gestalt:

$$L_1 \frac{d^2 i_1}{dt^2} + \left\{R_1 - P_1 \left[SMg - \frac{L_1}{R_i}\right]\right\} \frac{di_1}{dt} + P_1 i_1 + P i_2 = 0, \tag{10}$$

$$L_2 \frac{d^2 i_2}{dt^2} + R_2 \frac{di_2}{dt} + P_2 i_2 - P \left[SMg - \frac{L_1}{R_i}\right] \frac{di_1}{dt} + P i_1 = 0. \tag{11}$$

Aus (10) läßt sich i_2 ausrechnen; setzen wir das Ergebnis ein in (11), so erhalten wir für i_1 allein die folgende lineare Differentialgleichung 4. Ordnung:

$$\frac{d^4 i_1}{dt^4} + \frac{d^3 i_1}{dt^3}\left\{\frac{R_1}{L_1} + \frac{R_2}{L_2} - \left[SMg - \frac{L_1}{R_i}\right]\frac{P_1}{L_1}\right\} + \frac{d^2 i_1}{dt^2}\left\{\frac{P_1}{L_1} + \frac{P_2}{L_2} + \frac{R_1 R_2}{L_1 L_2} - \frac{P_1}{L_1}\left[SMg - \frac{L_1}{R_i}\right]\frac{R_2}{L_2}\right\}$$
$$+ \frac{di_1}{dt}\left\{\frac{R_2}{L_2}\frac{P_1}{L_1} + \frac{R_1 P_2}{L_1 L_2} - \frac{P_1 P_2}{L_1 L_2}\left[SMg - \frac{L_1}{R_i}\right]\left(1 - \frac{P^2}{P_1 P_2}\right)\right\}$$
$$+ i_1 \frac{P_1 P_2}{L_1 L_2}\left(1 - \frac{P^2}{P_1 P_2}\right) = 0. \quad (12)$$

Sind die Widerstände R_1 und R_2 der beiden Schwingungskreise nicht zu groß, so sind $\omega_1 = \sqrt{\frac{P_1}{L_1}}$ und $\omega_2 = \sqrt{\frac{P_2}{L_2}}$ die Eigenkreisfrequenzen der beiden ungekoppelten Schwingungskreise; $h_1 = \frac{R_1}{2L_1}$ und $h_2 = \frac{R_2}{2L_2}$ sind ihre Dämpfungsexponenten. Die in der Differentialgleichung noch vorkommende Größe $\frac{1}{2}\left[SMg - \frac{L_1}{R_i}\right]$ hat dieselbe Dimension wie h_1 und h_2, wir bezeichnen sie mit h_3. Die Größe $\frac{P}{\sqrt{P_1 P_2}}$ stellt den Kopplungskoeffizienten k und $\sigma = 1 - k^2$ den elektrischen Streuungskoeffizienten der beiden Schwingungskreise dar. Führen wir diese Bezeichnungen in unsere Differentialgleichung (12) ein und schreiben wir für i_1 der Einfachheit halber immer i, so erhalten wir:

$$\frac{d^4 i}{dt^4} + \frac{d^3 i}{dt^3}\{h_1 + h_2 - h_3\}2 + \frac{d^2 i}{dt^2}\{\omega_1^2 + \omega_2^2 + 4 h_1 h_2 - 4 h_3 h_2\}$$
$$+ \frac{di}{dt}2\{h_1 \omega_2^2 + h_2 \omega_1^2 - \omega_2^2 \sigma h_3\} + i \omega_1^2 \omega_2^2 \sigma = 0. \quad (13)$$

Wenn die Glieder, welche h_1, h_2 und h_3 enthalten, nicht vorhanden wären, so hätten wir die Differentialgleichung

$$\frac{d^4 i}{dt^4} + \frac{d^2 i}{dt^2}[\omega_1^2 + \omega_2^2] + i \omega_1^2 \omega_2^2 \sigma = 0 \quad (14)$$

zweier ungedämpfter kapazitiv gekoppelter elektrischer Schwingungskreise vor uns, und der Ansatz $i = e^{j\Omega t}$, $j = \sqrt{-1}$, lieferte uns die beiden Koppelkreisfrequenzen:

$$\Omega_1 = \sqrt{\frac{\omega_1^2 + \omega_2^2}{2}\left[1 + \sqrt{1 - \frac{4\sigma\omega_1^2 \omega_2^2}{(\omega_1^2 + \omega_2^2)^2}}\right]}$$

und

$$\Omega_2 = \sqrt{\frac{\omega_1^2 + \omega_2^2}{2}\left[1 - \sqrt{1 - \frac{4\sigma\omega_1^2 \omega_2^2}{(\omega_1^2 + \omega_2^2)^2}}\right]}, \quad (15)$$

welche beide der Gleichung

$$\Omega^4 - \Omega^2[\omega_1^2 + \omega_2^2] + \omega_1^2 \omega_2^2 \sigma = 0 \quad (16)$$

genügen.

Die Lösung von (13) hat ebenfalls die Form $i = e^{j\overline{\Omega}t}$, $j = \sqrt{-1}$; $\overline{\Omega}$ muß dabei der Gleichung genügen:

$$\overline{\Omega}^4 - j\overline{\Omega}^3 2\{h_1 + h_2 - h_3\} - \overline{\Omega}^2\{\omega_1^2 + \omega_2^2 + 4 h_1 h_2 - 4 h_3 h_2\}$$
$$+ j\overline{\Omega} 2\{h_1 \omega_2^2 + h_2 \omega_1^2 - \omega_2^2 \sigma h_3\} + \omega_1^2 \omega_2^2 \sigma = 0. \quad (17)$$

Da wir nun den praktischen Verhältnissen entsprechend voraussetzen wollen, h_1, h_2 und h_3 seien klein gegen ω_1 und ω_2, so wird sich $\overline{\Omega}$ nur wenig von Ω unterscheiden. Setzen wir wie früher mit Prof. Rogowski an: $\overline{\Omega} = \Omega(1 + \xi)$, so wird also ξ eine gegen 1 kleine Größe sein. Führen wir das ξ in (17) ein, entwickeln nach Potenzen von ξ und vernachlässigen alle von höherer als der ersten Ordnung kleinen Glieder, so erhalten wir für ξ die Bestimmungsgleichung:

$$\Omega^4(1+4\xi) - j\Omega^3 2\{h_1 + h_2 - h_3\} - \Omega^2\{\omega_1^2 + \omega_2^2\}(1 + 2\xi)$$
$$+ j\Omega 2\{h_1\omega_2^2 + h_2\omega_1^2 - h_3\omega_2^2\sigma\} + \omega_1^2\omega_2^2\sigma = 0 \quad (18)$$

und damit für $j\xi\Omega$ den Ausdruck:

$$j\xi\Omega = -\alpha = -h_1\frac{\Omega^2 - \omega_2^2}{2\Omega^2 - [\omega_1^2 + \omega_2^2]} - h_2\frac{\Omega^2 - \omega_1^2}{2\Omega^2 - [\omega_1^2 + \omega_2^2]} + h_3\frac{\Omega^2 - \omega_2^2\sigma}{2\Omega^2 - [\omega_1^2 + \omega_2^2]}. \quad (19)$$

Wir sehen, $j\xi\Omega$ ist reell. Dies bedeutet: die Frequenzen der auftretenden Schwingungen sind ganz dieselben, wie wenn die Röhre überhaupt nicht vorhanden wäre; die beiden Kreise können nur mit ihren normalen Koppelfrequenzen schwingen. Uns interessieren von nun an nur die Dämpfungen der auftretenden Schwingungen. Je nachdem ob wir in (19) für Ω den Wert Ω_1 der raschen oder den Wert Ω_2 der langsamen Koppelschwingung einsetzen, erhalten wir den Dämpfungsexponenten α_1 der raschen oder α_2 der langsamen Koppelschwingung:

$$\alpha_1 = h_1\frac{\Omega_1^2 - \omega_2^2}{2\Omega_1^2 - [\omega_1^2 + \omega_2^2]} + h_2\frac{\Omega_1^2 - \omega_1^2}{2\Omega_1^2 - [\omega_1^2 + \omega_2^2]} - h_3\frac{\Omega_1^2 - \omega_2^2\sigma}{2\Omega_1^2 - [\omega_1^2 + \omega_2^2]}, \quad (20)$$

$$\alpha_2 = h_1\frac{\Omega_2^2 - \omega_2^2}{2\Omega_2^2 - [\omega_1^2 + \omega_2^2]} + h_2\frac{\Omega_2^2 - \omega_1^2}{2\Omega_2^2 - [\omega_1^2 + \omega_2^2]} - h_3\frac{\Omega_2^2 - \omega_2^2\sigma}{2\Omega_2^2 - [\omega_1^2 + \omega_2^2]}. \quad (21)$$

Messen wir wie früher alle Frequenzen in Frequenzen des Primärkreises, setzen wir also $\frac{\omega_2}{\omega_1} = x$, $\frac{\Omega_1}{\omega_1} = O_1$ und $\frac{\Omega_2}{\omega_1} = O_2$, berücksichtigen wir ferner, daß die Beziehung gilt $O_1^2 + O_2^2 = 1 + x^2$, so können wir einfacher schreiben:

$$\alpha_1 = h_1\frac{1 - O_2^2}{O_1^2 - O_2^2} + h_2\frac{O_1^2 - 1}{O_1^2 - O_2^2} - h_3\frac{O_1^2 - \sigma x^2}{O_1^2 - O_2^2}, \quad (22)$$

$$\alpha_2 = h_1\frac{O_1^2 - 1}{O_1^2 - O_2^2} + h_2\frac{1 - O_2^2}{O_1^2 - O_2^2} - h_3\frac{\sigma x^2 - O_2^2}{O_1^2 - O_2^2}. \quad (23)$$

Wir erinnern nun daran, daß die Dämpfungsexponenten der Koppelschwingungen zweier kapazitiv gekoppelter Schwingungskreise

$$h_1 U_1 + h_2 U_2$$

für die rasche und

$$h_1 U_2 + h_2 U_1$$

für die langsame Koppelschwingung betragen, wobei die Funktionen U_1 und U_2 sich nach den folgenden Formeln aus den Koppelfrequenzen bzw. aus der Verstimmung x und dem Streuungskoeffizienten σ beider Kreise berechnen:

$$U_1 = \frac{1 - O_2^2}{O_1^2 - O_2^2} = \frac{1}{2}\left[1 + \frac{\frac{1-x^2}{1+x^2}}{\sqrt{1 - \frac{4\sigma x^2}{(1+x^2)^2}}}\right], \quad (24)$$

$$U_2 = \frac{O_1^2 - 1}{O_1^2 - O_2^2} = \frac{1}{2}\left[1 - \frac{\frac{1-x^2}{1+x^2}}{\sqrt{1 - \frac{4\sigma x^2}{(1+x^2)^2}}}\right]. \quad (25)$$

Vergleichen wir dies mit unseren eben abgeleiteten Formeln, so erkennen wir: die Dämpfungen α_1 und α_2 der raschen und der langsamen Koppelschwingung eines Zwischenkreisröhrensenders sind nicht einfach gleich den Dämpfungen der Koppelschwingungen zweier kapazitiv gekoppelter Schwingungskreise, sondern es tritt zu diesen noch eine Zusatzdämpfung hinzu. Für die rasche Schwingung hat diese Zusatzdämpfung den Wert

$$-h_3\frac{O_1^2 - \sigma x^2}{O_1^2 - O_2^2} = -h_3 u_1, \quad (26)$$

für die langsame den Wert

$$-h_3 \frac{\sigma x^2 - O_2^2}{O_1^2 - O_2^2} = -h_3 u_2. \qquad (27)$$

Führen wir in (26) und (27) für O_1 und O_2 die Werte

$$O_1 = \sqrt{\frac{1+x^2}{2}\left[1 + \sqrt{1 - \frac{4\sigma x^2}{(1+x^2)^2}}\right]} \text{ u. } O_2 = \sqrt{\frac{1+x^2}{2}\left[1 - \sqrt{1 - \frac{4\sigma x^2}{(1+x^2)^2}}\right]} \qquad (28)$$

ein, so erhalten wir die Gewichte u_1 und u_2 als Funktionen von x und σ:

$$u_1 = \frac{1}{2}\left[1 + \frac{1+x^2(1-2\sigma)}{(1+x^2)\sqrt{1 - \frac{4\sigma x^2}{(1+x^2)^2}}}\right] \text{ u. } u_2 = \frac{1}{2}\left[1 - \frac{1+x^2(1-2\sigma)}{(1+x^2)\sqrt{1 - \frac{4\sigma x^2}{(1+x^2)^2}}}\right]. \qquad (29)$$

Die Dämpfungsexponenten α_1 und α_2 der Schwingungen eines Zwischenkreisröhrensenders erhalten somit endgültig die Werte

$$\left.\begin{array}{l} \alpha_1 = h_1 U_1 + h_2 U_2 - h_3 u_1 \\ \alpha_2 = h_1 U_2 + h_2 U_1 - h_3 u_2, \end{array}\right\} \qquad (30)$$

worin die U und u als Funktionen von x und σ durch (25) und (29) bestimmt sind.

Wie sich leicht zeigen läßt, sind die Gewichte u_1 und u_2 immer positiv. Je nach dem Vorzeichen von

$$h_3 = \frac{1}{2}\omega_1^2\left[S\,Mg - \frac{L_1}{R_i}\right]$$

werden also durch die Röhre die Dämpfungen der beiden Koppelschwingungen entweder beide verstärkt oder beide geschwächt. Die Wahl des Vorzeichens von Mg haben wir nach Belieben in der Hand. Wollen wir das Zeichen wechseln, so brauchen wir bloß die beiden Enden der Gitterrückkopplungsspule, welche an Gitter und Glühdraht liegen, miteinander zu vertauschen.

Von Interesse ist für uns nur der Fall, daß h_3 positiv ist; denn nur dann werden durch die Röhre die Dämpfungen verringert. Wird für irgend eine der beiden Koppelschwingungen der Betrag des Gliedes mit h_3 so groß, daß α Null oder gar negativ wird, dann bedeutet dies, daß die Schwingung ungedämpft bestehen kann. Die Bedingungen für die Möglichkeit des Bestehens der raschen bzw. der langsamen Koppelschwingung lauten mithin:

$$h_3 u_1 \geq h_1 U_1 + h_2 U_2 \qquad (31)$$

bzw.

$$h_3 u_2 \geq h_1 U_2 + h_2 U_1. \qquad (32)$$

Ist nur eine dieser Bedingungen erfüllt, so wird die betreffende Koppelschwingung erregt werden. Sind jedoch für irgendwelche Werte von x und σ beide Bedingungen zugleich erfüllt, so vermag unsere Theorie nicht zu entscheiden, welche der beiden Koppelschwingungen — die rasche oder die langsame oder etwa beide zugleich — in Erscheinung tritt. Wir müssen uns bei dieser Frage an die experimentellen Erfahrungen bei Beobachtung der Zieherscheinungen halten; diese legen es nahe, unserer Theorie die folgenden Annahmen zugrunde zu legen:

Es kann immer nur die eine der beiden Koppelschwingungen auftreten. Ist einmal eine Koppelschwingung erregt und verändern wir dann stetig die Verstimmung x und die Streuung σ der beiden Schwingungskreise, so bleibt sie, indem die Frequenz sich stetig mit ändert, solange bestehen, als die Bedingung (31) bzw. (32) befriedigt bleibt. Dann aber reißt sie plötzlich ab; genügt unter den gegebenen Verhältnissen dann die andere Koppelschwingung der Bedingung (31) bzw. (32), so wird sie dann erregt und dauert ihrerseits so lange an, als für sie die genannte Bedingung erfüllt bleibt.

II. Diskussion der Zusatzdämpfungen.

Wir wenden uns nun den beiden Zusatzdämpfungen $-h_3 u_1$ und $-h_3 u_2$ für die rasche und die langsame Koppelschwingung zu. Da h_3 bei gegebener Gitterrückkopplung und gegebenen Werten von x und σ proportional ω_1^2 ist, so wird eine jede der beiden Koppelschwingungen um so leichter bestehen können, je größer ω_1 ist; weiter wird h_3 dem Betrage nach im allgemeinen um so größer, je enger die Gitterkopplung gewählt wird. Je fester also Gitter und Primärkreis (im richtigen Sinne) miteinander gekoppelt sind, desto leichter werden die Bedingungen (31) und (32) befriedigt werden. Ist $S M g = \dfrac{L_1}{R_i}$, so ist $h_3 = 0$. Es sind also dann die Dämpfungen der beiden Koppelschwingungen genau so groß, als wenn die Röhre gar nicht vorhanden wäre.

Um über die Abhängigkeit der Zusatzdämpfungen von x und σ Aufschluß zu erhalten, müssen wir die Gewichte u_1 und u_2 näher betrachten. Zunächst ist leicht zu zeigen, daß der Ausdruck

$$\frac{1 + x^2(1 - 2\sigma)}{(1 + x^2)\sqrt{1 - \dfrac{4\sigma x^2}{(1 + x^2)^2}}}$$

wegen $0 \leq \sigma \leq 1$ für jeden Wert von x zwischen -1 und $+1$ liegt. Daraus folgt für die Gewichte, daß sowohl u_1 als auch u_2 immer zwischen 0 und $+1$ liegen. Weiter ergibt sich aus (29) sofort die Beziehung

$$u_1 + u_2 = 1. \tag{33}$$

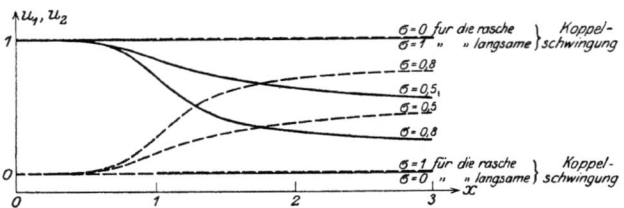

Bild 3. Die Gewichte u_1 und u_2 der Zusatzdämpfungen.
——— u_1,   - - - u_2.

Entwickeln wir u_1 und u_2 für kleine und große x nach Potenzen von x und $\dfrac{1}{x}$ und für die Nachbarschaft der Resonanzstelle nach Potenzen von $x - 1 = \varepsilon$, so bekommen wir unter Vernachlässigung kleiner Glieder höherer Ordnung

1. für kleine x: $(0 < x \ll 1)$
$$u_1 = 1 - \sigma k^2 x^4 \quad \text{und} \quad u_2 = \sigma k^2 x^4; \tag{34}$$

2. für große x: $(1 \ll x < \infty)$
$$\begin{aligned} u_1 &= 1 - \sigma + \frac{1}{x^2} 2\sigma(1-\sigma) & u_2 &= \sigma - \frac{1}{x^2} 2\sigma(1-\sigma) \\ &= k^2 + \frac{1}{x^2} 2\sigma k^2 & &= \sigma - \frac{1}{x^2} 2\sigma k^2; \end{aligned} \tag{35}$$

3. für $x = 1 + \varepsilon$ $(0 < |\varepsilon| \ll 1)$
$$u_1 = \frac{1}{2}\left(1 + k - \varepsilon \frac{\sigma}{k}\right) \quad \text{und} \quad u_2 = \frac{1}{2}\left(1 - k + \varepsilon \frac{\sigma}{k}\right). \tag{36}$$

In Bild 3 sind die Gewichte u_1 (ausgezogen) und u_2 (gestrichelt) als Funktionen von x aufgetragen für die Werte $\sigma = 0$; 0,5; 0,8 und 1. Für kleine x sind u_1 und u_2 sehr nahe (bis auf kleine Glieder 4. Ordnung) gleich 1 bzw. gleich 0. Für große x streben sie den Werten $1-\sigma$ bzw. σ zu. In der Nachbarschaft der Resonanzstelle $x = 1$ verlaufen die Kurven um so steiler, je loser die Kopplung ist. Für $x = 1$ selbst haben u_1 und u_2 die Werte $\frac{1+k}{2}$ und $\frac{1-k}{2}$. Sie liegen also dort um so näher an 1 und 0, je enger die Kopplung ist.

Von Interesse sind die Grenzfälle vollkommen loser und vollkommen fester Kopplung.

Für **vollkommen lose** Kopplung haben wir $\sigma = 1$, also

$$\frac{1 + x^2(1-2\sigma)}{\sqrt{1 + x^2(1-2\sigma) + x^4}} = \frac{1-x^2}{\sqrt{(1-x^2)^2}}.$$

Das gibt für

$$x < 1 \ : \ u_1 = 1 \text{ und } u_2 = 0$$

und für

$$x > 1 \ : \ u_1 = 0 \text{ und } u_2 = 1.$$

Da im Falle vollkommen loser Kopplung U_1 und U_2 für $x < 1$ die Werte $+1$ und 0, für $x > 1$ dagegen die Werte 0 und $+1$ besitzen, so lauten die Bedingungen dafür, daß eine der beiden Koppelschwingungen sich erregen kann,

für x kleiner als 1: $h_3 \geq h_1$ für die rasche, $0 \geq h_2$ für die langsame Koppelwelle und

für x größer als 1: $0 \geq h_2$ für die rasche, $h_3 \geq h_1$ für die langsame Koppelwelle.

Dies besagt zunächst: für $x < 1$ kann überhaupt nur die rasche und für $x > 1$ kann nur die langsame Koppelschwingung erregt werden. Da bei vollkommen loser Kopplung die Koppelfrequenzen mit den Eigenfrequenzen der beiden ungekoppelten Schwingungskreise übereinstimmen, so kann also immer nur die Eigenschwingung des Primärkreises erregt werden — ein selbstverständliches Resultat. Die Bedingung dafür, daß die Schwingung erregt wird, lautet

$$h_3 \geq h_1 \quad \text{oder} \quad \frac{\omega_1^2}{2}\left[S\,Mg - \frac{L_1}{R_i}\right] \geq \frac{R_1}{2L_1}$$

oder

$$S\,Mg \geq \frac{L_1}{R_i} + \frac{R_1}{L_1}\frac{1}{\omega_1^2}$$

oder

$$S\,Mg \geq \frac{L_1}{R_i} + R_1 \frac{1}{P_1}. \tag{37}$$

Damit haben wir, wie es sein muß, die **Vallaurische** Bedingung für das Einsetzen der Schwingungen eines einfachen an eine Röhre gelegten Schwingungskreises erhalten.

Für **vollkommen feste** Kopplung ist $\sigma = 0$, also $u_1 = 1$ und $u_2 = 0$ für jeden Wert von x. U_1 und U_2 haben die Werte $\frac{1}{1+x^2}$ und $\frac{x^2}{1+x^2}$. Unsere Bedingungen (31) und (32) nehmen also die Gestalt an:

$$\left.\begin{array}{c} h_3 > h_1 \dfrac{1}{1+x^2} + h_2 \dfrac{x^2}{1+x^2} \\ \\ 0 \cdot h_3 \geq h_1 \dfrac{x^2}{1+x^2} + h_2 \dfrac{1}{1+x^2} \end{array}\right\} \tag{38}$$

und

Wir sehen: Ist h_3 von endlicher Größe, so kann überhaupt nur die rasche Koppelschwingung erregt werden. Als Beispiel dafür nehmen wir den in Bild 4 dargestellten Spezialfall von Bild 2. Hier ist $\omega_1^2 = \frac{1}{L_1 C}$, $\omega_2^2 = \frac{1}{L_2 C}$, also $x^2 = \frac{L_1}{L_2}$ und

$$h_3 = \frac{1}{2 L_1 C}\left[S Mg - \frac{L_1}{R_i}\right].$$ Die Bedingung für das Einsetzen der raschen Koppelschwingung lautet:

$$\frac{1}{2 L_1 C}\left[S Mg - \frac{L_1}{R_i}\right] \geq \frac{R_1}{2 L_1}\frac{1}{1+\frac{L_1}{L_2}} + \frac{R_2}{2 L_2}\frac{\frac{L_1}{L_2}}{1+\frac{L_1}{L_2}}$$

oder

$$S Mg \geq \frac{L_1}{R_i} + C L_1 \frac{\frac{R_1}{L_2} L_2 + \frac{R_2}{L_2} L_1}{L_1 + L_2}. \tag{39}$$

Nehmen wir L_2 unendlich groß, so müssen wir die Vallaurische Bedingung $S Mg \geq \frac{L_1}{R_i} + R_1 C$ für das Einsetzen der Schwingungen eines einfachen Schwingungskreises erhalten. Dies ist in der Tat der Fall.

Daß es Fälle vollkommen fester Kopplung gibt, in denen h_3 unendlich groß und darum unter Umständen eine Erregung der langsamen Koppelschwingung möglich wird, zeigt uns die in Bild 5 dargestellte Schaltung; sie geht aus dem allgemeineren Kopplungschema von Bild 2 einfach dadurch, hervor, daß die Kapazität C unendlich klein genommen wird. Für den Fall von Bild 2 ist

$$\sigma = \frac{C^2 + C (C_1 + C_2)}{(C + C_1)(C + C_2)}.$$

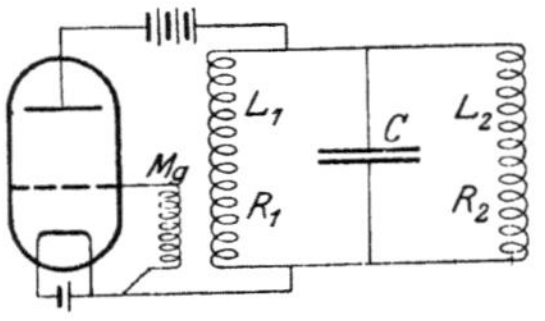

Bild 4. 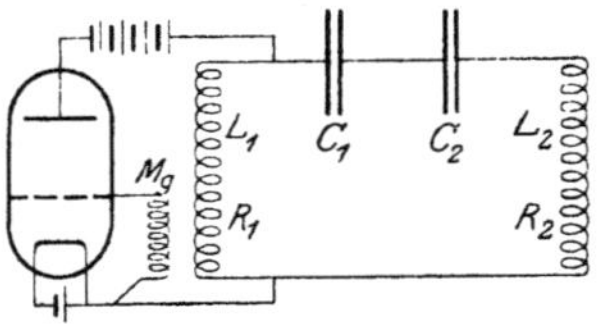 Bild 5.

Es wird in unserem Sonderfall also wirklich $\sigma = 0$. Wir haben zu untersuchen, welche Werte die Funktion u_2 für kleine σ annimmt. Wir entwickeln dazu u_2 nach Potenzen von σ:

$$u_2 = \frac{1}{2}\left[1 - \frac{1 + x^2 - 2\sigma x^2}{(1 + x^2)\sqrt{1 - \frac{4 x^2}{(1 + x^2)^2}\sigma}}\right]$$

$$= \frac{1}{2}\left[1 - \frac{1}{1 + x^2}(1 + x^2 - 2\sigma x^2)\left(1 + \frac{2 x^2}{(1 + x^2)^2}\sigma\right)\right] = \sigma \frac{x^4}{(1 + x^2)^2}.$$

Dann wird:

$$h_3 u_2 = \lim_{C=0} \frac{S Mg - \frac{L_1}{R_i}}{2}\cdot\frac{1}{L_1}\left(\frac{1}{C_1} + \frac{1}{C}\right)\sigma\frac{x^4}{(1 + x^2)^2} \tag{40}$$

oder wegen $x^2 = \frac{L_1}{L_2}$

$$h_3 u_2 = \frac{S Mg - \frac{L_1}{R_i}}{2}\frac{L_1}{(L_1 + L_2)^2}\lim_{C=0}\frac{\sigma}{C} =$$

$$= \frac{S Mg - \frac{L_1}{R_i}}{2}\frac{L_1}{(L_1 + L_2)^2}\left[\frac{1}{C_1} + \frac{1}{C_2}\right]. \tag{41}$$

Unsere Bedingung für die Möglichkeit der langsamen Koppelwelle lautet mithin

$$\frac{S\,Mg - \frac{L_1}{R_i}}{2} \frac{L_1}{(L_1+L_2)^2}\left[\frac{1}{C_1}+\frac{1}{C_2}\right] \geqq \frac{R_1}{2\,L_1}\frac{L_1}{L_1+L_2} + \frac{R_2}{2\,L_2}\frac{L_2}{L_1+L_2}$$

oder

$$S\,Mg \geqq \frac{L_1}{R_i} + \frac{L_1+L_2}{L_1}\frac{1}{\frac{1}{C_1}+\frac{1}{C_2}}(R_1+R_2). \tag{42}$$

Für $C_2 = \infty$ und $L_2 = R_2 = 0$ muß diese Bedingung übergehen in die Vallaurische:

$$S\,Mg \geqq \frac{L_1}{R_i} + R_1 C_1;$$

das ist in der Tat der Fall.

Der soeben behandelte Fall stellt weiter nichts dar als einen einfachen Schwingungskreis mit der Selbstinduktion $L = L_1 + L_2$, dem Widerstand $R = R_1 + R_2$ und der reziproken Kapazität $\frac{1}{C} = \frac{1}{C_1} + \frac{1}{C_2}$. Nur ist dieser Schwingungskreis nicht nach der gewöhnlichen Weise mit den Enden seiner gesamten Selbstinduktion an die Röhre gelegt, sondern nur mit einem Bruchteil $\Theta L = L_1$ seiner Selbstinduktion ($\Theta < 1$). Führen wir die Bezeichnungen L, Θ, C und R in (42) ein, so bekommen wir als Bedingung für das Einsetzen der Schwingungen

$$S\,Mg \geqq \frac{\Theta L}{R_i} + \frac{CR}{\Theta}. \quad (\Theta \leqq 1). \tag{43}$$

Betrachtet man die einzelnen Summanden, so sieht man sofort, daß es bei gegebenem L, C, R und R_i einen bestimmten Wert Θ^* von Θ geben muß, für den die zur Erregung der Schwingungen mindestens notwendige Gitterkopplung ein Minimum ist. Θ^* berechnet sich zu

$$\Theta^* = \sqrt{\frac{C R R_i}{L}}. \tag{44}$$

Da unsere Ableitung voraussetzt, daß $\Theta < 1$, so braucht Θ^* kein Minimum der notwendigen Gitterkopplung zu ergeben, wenn es größer ist als 1.

Wir kehren nun zu unseren allgemeinen Bedingungen (31) und (32) für die Möglichkeit des Bestehens der raschen bzw. der langsamen Koppelschwingung zurück. Wie früher[1]) gezeigt, liegen die Werte von $h_1 U_1 + h_2 U_2$ bzw. von $h_1 U_2 + h_2 U_1$ immer zwischen h_1 und h_2, sie überschreiten also jedenfalls nie den größeren der beiden Werte h_1 und h_2. Berücksichtigen wir dies, so können wir ohne weiteres folgendes aussagen: Halten wir ω_1 von endlicher Größe, so können wir für irgendwelche gegebene Werte von x und σ die beiden Koppelschwingungen immer dann erzeugen, wenn die Funktionen u nicht zu kleine Werte annehmen; denn wir brauchen ja dann Mg höchstens so groß zu wählen, daß $h_3\,u = \frac{\omega_1{}^2}{2}\left[S\,Mg - \frac{L_1}{R_i}\right]u$ gleich dem größeren der beiden Werte h_1 und h_2 wird. Betrachten wir daraufhin Bild 3, so erkennen wir:

1. Die rasche Koppelschwingung können wir im allgemeinen leicht erzeugen, nur nicht in dem einen Falle, daß die Kopplung sehr lose ist und außerdem x große, über 1 liegende Werte besitzt; d. h. nur dann nicht, wenn bei loser Kopplung der Primärkreis eine kleinere ungekoppelte Eigenfrequenz besitzt als der Sekundärkreis. Dieses Verhalten der raschen Koppelwelle bei kapazitiver Kopplung entspricht ganz dem Verhalten der raschen Koppelwelle bei induktiver Kopplung

---
[1]) Arch. f. Elektrotechnik X, S. 257—276.

2. Die langsame Koppelschwingung können wir im allgemeinen nicht so leicht erregen. Zunächst überhaupt nicht, d. h. für keinen Wert von σ, sobald x sehr kleine, unterhalb 1 gelegene Werte annimmt; denn in diesem Falle ist u_2 unendlich klein von 4. Ordnung. Weiterhin auch für keinen Wert von x, sobald σ = 0, die Kopplung also vollkommen fest genommen wird; denn dann hat u_2 den Wert 0. Dagegen können wir die langsame Koppelwelle leicht erregen, sobald σ nahe gleich 1 ist und x große über 1 liegende Werte besitzt, also in dem Falle, daß bei sehr loser Kopplung die ungekoppelte Eigenfrequenz des Primärkreises kleiner ist als die des Sekundärkreises. Für Zwischenwerte von σ benötigen wir eine um so festere Gitterkopplung, je kleiner x und σ sind. Bei induktiver Kopplung ist das Verhalten der langsamen Koppelschwingung etwas anders. Dort ist es auch im Falle fester Kopplung, wenigstens für x > 1, leicht möglich, sie durch genügend feste Gitterkopplung zu erregen. Ganz anders als eben besprochen können die Verhältnisse dann liegen, wenn ω_1 nicht von endlicher Größe bleibt, sondern etwa, wie schon in einem Beispiele gezeigt wurde, bei fester werdender Kopplung unendlich großen Werten zustrebt.

III. Die Zieherscheinungen.

Die Betrachtung der Zieherscheinungen läßt sich ohne Schwierigkeit unmittelbar an die Bedingungen (31) und (32) für die Erregung der langsameren und der rascheren Koppelschwingung anknüpfen. Nehmen wir an, wir halten die Streuung konstant,

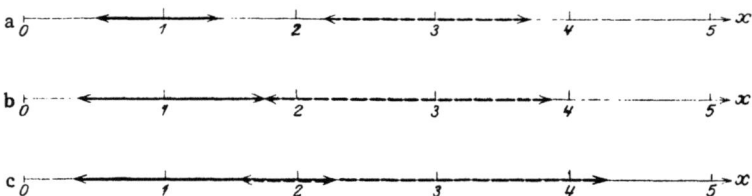

Bild 6. Die drei Möglichkeiten: Schwingungslücke (a), weder Schwingungslücke noch Ziehschleife (b), Ziehschliefe (c).
◄――――► Bereich, in dem die eine Koppelschwingung möglich ist,
◄― ― ―► „ „ „ „ andere „ „ „
◄▬▬▬► „ „ „ „ beide Koppelschwingungen möglich sind.

variieren dagegen durch Veränderung der Eigenfrequenz des Sekundärkreises die Verstimmung x der beiden Kreise, so bekommen wir bei gegebenen Werten von h_1, h_2 und h_3 für jede der beiden Schwingungen einen Bereich von x-Werten, in dem sie der Bedingung (31) bzw. (32) genügt. Liegen diese Bereiche so, daß sie einander weder bedecken noch berühren, Bild 6a, so bekommen wir keine Zieherscheinungen; denn zwischen den beiden Bereichen, in denen je eine der beiden Koppelschwingungen erregt wird, befindet sich eine Lücke, in der den Bedingungen (31) und (32) nicht genügt wird, in der also Schwingungsstille herrscht. Liegen die Bereiche so, daß sie einander zwar nicht bedecken, aber doch in einem Punkte berühren (Bild 6b), so bekommen wir ebenfalls keine Zieherscheinungen; aber auch keine Lücke, in der Schwingungsstille herrscht. Lassen wir x von 0 bis ∞ wachsen, so wird zuerst die eine der beiden Koppelschwingungen erregt; schreiten wir dann über den gemeinsamen Punkt der beiden Bereiche hinweg, so erlischt dort die bisherige Koppelschwingung; aber zugleich tritt die andere Koppelschwingung in Erscheinung, die Frequenz springt also auf einen anderen Wert. Gehen wir von

∞ nach o zurück, so tritt an derselben ausgezeichneten Stelle wieder ein Sprung auf, diesmal jedoch von der neuen zur alten Frequenz. Liegen endlich die Bereiche so, daß sie einander in einem gewissen gemeinsamen Stück überdecken (Bild 6c), so erhalten wir die bekannte Zieherscheinung; denn wandern wir jetzt mit unsern x-Werten von o bis ∞, so erhalten wir gemäß unserer oben gemachten Annahme zunächst die eine Koppelschwingung so lange, bis ihr Bereich überschritten wird. Dann tritt die andere Koppelschwingung in Erscheinung. Gehen wir nun zurück zum Werte $x = 0$, so bleibt ihrerseits jetzt die neue Koppelschwingung so lange bestehen, als wir uns in dem ihr zugehörigen Bereiche befinden, wir bekommen also jetzt den Sprung zurück zur alten Koppelwelle an einer andern Stelle x als vorhin den Sprung von der alten zur neuen Koppelwelle. Die Länge des gemeinsamen Stückes der beiden Bereiche bildet ein Maß für die Breite der sog. Ziehschleife.

Wollen wir uns über die Zieherscheinungen unterrichten, so brauchen wir uns bloß zu überzeugen, welches unter den gegebenen Versuchsbedingungen die Enden der beiden Bereiche sind, in denen die rasche bzw. die langsame Koppelschwingung sich erregen kann.

Bei der Mannigfaltigkeit der unabhängigen Veränderlichen (h_1, h_2, h_3, x und σ) ist es vorteilhaft, die Bedingungen (31) und (32) noch etwas zu vereinfachen. Eine der unabhängigen Veränderlichen können wir sofort unterdrücken, indem wir alle Dämpfungen messen in Dämpfungen des ungekoppelten Primärkreises, indem wir also die Bezeichnungen einführen

und
$$\frac{h_3}{h_1} = \frac{\omega_1^2 \left[S\,Mg - \frac{L_1}{R_i}\right]L_1}{R_1} = \frac{S\,Mg - \frac{L_1}{R_i}}{C_1 R_1} = H$$
$$\frac{h_2}{h_1} = \frac{R_2 L_1}{R_1 L_2} = h.$$
(45)

Dividieren wir außerdem noch durch u_1 bezw. u_2, so erhalten wir als Bedingungen für die Möglichkeit der Erregung der raschen bzw. der langsamen Koppelschwingung einfacher als früher:

$$H - \frac{U_1}{u_1} \geq h\frac{U_2}{u_1} \quad \text{und} \quad H - \frac{U_2}{u_2} \geq h\frac{U_1}{u_2}.$$
(46)

$\frac{U_1}{u_1}$, $\frac{U_2}{u_1}$, $\frac{U_2}{u_2}$ und $\frac{U_1}{u_2}$ sind Funktionen von x und σ; wir bezeichnen sie bzw. mit W_1, W_2, w_1 und w_2, schreiben also unsere Bedingungen in der Form:

$$H - W_1 \geq h\,W_2 \quad \text{und} \quad H - w_1 \geq h\,w_2.$$
(47)

Die erste gilt für die rasche, die zweite für die langsame Koppelschwingung. Wegen (24) bis (27) haben wir:

$$W_1 = \frac{U_1}{u_1} = \frac{1 - O_2^2}{O_1^2 - \sigma x^2} = \frac{O_1^2 - x^2}{O_1^2 - \sigma x^2} = 1 - \frac{x^2(1-\sigma)}{O_1^2 - \sigma x^2},$$

$$W_2 = \frac{U_2}{u_1} = \frac{O_1^2 - 1}{O_1^2 - \sigma x^2} = 1 - \frac{1 - \sigma x^2}{O_1^2 - \sigma x^2},$$

$$w_1 = \frac{U_2}{u_2} = \frac{O_1^2 - 1}{\sigma x^2 - O_2^2} = \frac{x^2 - O_2^2}{\sigma x^2 - O_2^2} = 1 - \frac{x^2(1-\sigma)}{O_2^2 - \sigma x^2},$$

$$w_2 = \frac{U_1}{u_2} = \frac{1 - O_2^2}{\sigma x^2 - O_2^2} = 1 - \frac{1 - \sigma x^2}{O_2^2 - \sigma x^2}$$
(48)

oder wegen (28)

$$W_1 = 1 - \frac{2x^2(1-\sigma)}{(1+x^2)\left[1+\sqrt{1-\frac{4\sigma x^2}{(1+x^2)^2}}\right]-2\sigma x^2}$$

$$W_2 = 1 - \frac{2(1-\sigma x^2)}{(1+x^2)\left[1+\sqrt{1-\frac{4\sigma x^2}{(1+x^2)^2}}\right]-2\sigma x^2},$$

$$w_1 = 1 - \frac{2x^2(1-\sigma)}{(1+x^2)\left[1-\sqrt{1-\frac{4\sigma x^2}{(1+x^2)^2}}\right]-2\sigma x^2},$$

$$w_2 = 1 - \frac{2(1-\sigma x^2)}{(1+x^2)\left[1-\sqrt{1-\frac{4\sigma x^2}{(1+x^2)^2}}\right]-2\sigma x^2}.$$

(49)

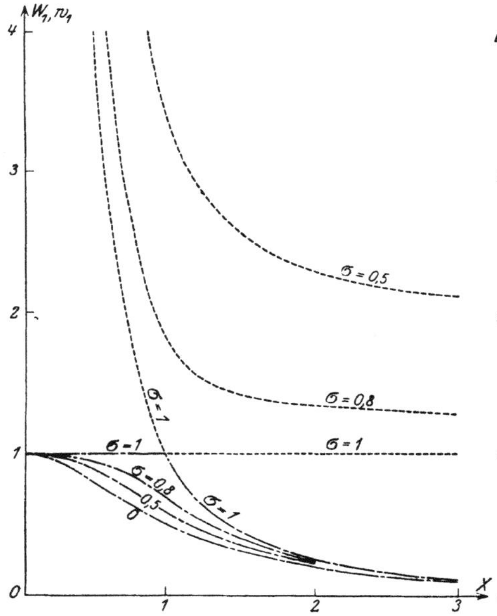

Bild 7. Die Funktionen W_1 und w_1.
—·—·— W_1
········ w_1.

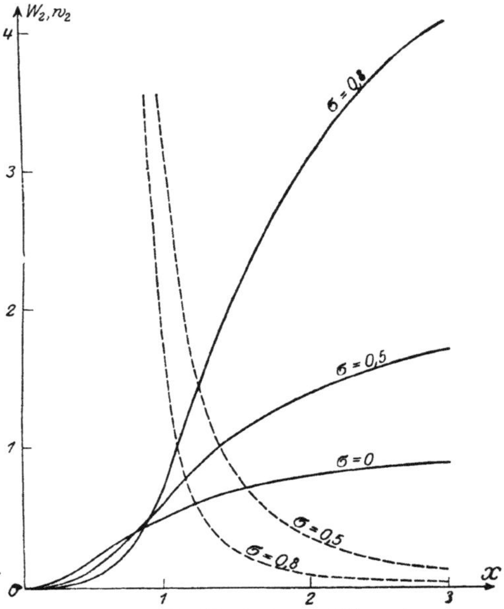

Bild 8. Die Funktionen W_2 und w_2.
———— W_2
— ·· — w_2.

Diskutieren wir den Verlauf der Kurven W und w, so haben wir alle zur Beschreibung der Ziehererscheinungen notwendigen Unterlagen gewonnen. Wir wollen dazu das Verhalten dieser Funktionen für vollkommen lose und für vollkommen feste Kopplung untersuchen; außerdem ihr Verhalten für kleine und große x und für die Nachbarschaft der Resonanzstelle. In den Bildern 7 und 8 sind W_1 (strichpunktiert) und w_1 (punktiert) bzw. W_2 (ausgezogen) und w_2 (gestrichelt) als Funktionen der Verstimmung x graphisch aufgetragen für die Streuungen $\sigma = 0$; 0,5; 0,8 und 1.

I. Vollkommen lose Kopplung.

1. Die Funktion W_1. Wir setzen $\sigma = 1 - \eta$, $0 < \eta < 1$, und entwickeln nach Potenzen von η:

$$W_1 = 1 - \frac{2x^2(1-\sigma)}{1+x^2(1-2\sigma)+\sqrt{(1+x^2)^2-4\sigma x^2}}$$

$$= 1 - \frac{2x^2\eta}{1+x^2(2\eta-1)+\sqrt{1-2x^2+x^4+4\eta x^2}}$$

$$= 1 - \frac{2x^2\eta}{(1-x^2)+2\eta x^2+(|1-x^2|)\sqrt{1+\frac{4\eta x^2}{(1-x^2)^2}}}$$

$$= 1 - \frac{2x^2\eta}{(1-x^2)+2\eta x^2+|1-x^2|\left\{1+\frac{2\eta x^2}{(1-x^2)^2}+((\eta^2))\right\}};$$

für $x < 1$ wird das:

$$W_1 = 1 - \frac{2\eta x^2}{2(1-x^2)+2\eta x^2+2\eta \frac{x^2}{1-x^2}+((\eta^2))}$$

und das gibt für $\lim \eta = 0$:

$$W_1 = 1 \text{ für } x < 1. \tag{50}$$

Für $x > 1$ dagegen wird

$$W_1 = 1 - \frac{2\eta x^2}{2\eta x^2 + 2\eta \frac{x^2}{x^2-1}+((\eta^2))}$$

und damit

$$W_1 = \frac{1}{x^2} \text{ für } x > 1. \tag{51}$$

2. **Die Funktion w_1.** Setzen wir wieder $\sigma = 1 - \eta$, so bekommen wir ähnlich wie eben

$$w_1 = 1 - \frac{2x^2\eta}{(1-x^2)+2\eta x^2 - |1-x^2|\left\{1+2\eta\frac{x^2}{(1-x^2)^2}+((\eta^2))\right\}},$$

also

$$w_1 = \frac{1}{x^2} \text{ für } x < 1 \text{ und } w_1 = 1 \text{ für } x > 1. \tag{52, 53}$$

3. **Die Funktion W_2.** Wir benutzen die Darstellung

$$W_2 = \frac{O_1^2 - 1}{O_1^2 - \sigma x^2} \text{ oder, für } \sigma = 1, \quad W_2 = \frac{O_1^2 - 1}{O_1^2 - x^2}.$$

Für $x < 1$ ist $O_1^2 = 1$, für $x > 1$ dagegen $O_1^2 = x^2$; im ersten Falle verschwindet somit der Zähler, im letzten der Nenner; wir haben also:

$$W_2 = 0 \text{ für } x < 1 \text{ und } W_2 = \infty \text{ für } x > 1. \tag{54, 55}$$

4. **Die Funktion w_2.** Es wird $w_2 = \frac{1-O_2^2}{\sigma x^2 - O_2^2}$ gleich $\frac{1-O_2^2}{x^2-O_2^2}$; für $x < 1$ ist $O_2^2 = x^2$, für $x > 1$ dagegen $O_2^2 = 1$; im ersten Falle verschwindet der Nenner, im zweiten der Zähler; wir haben also

$$w_2 = \infty \text{ für } x < 1 \tag{56}$$

und

$$w_2 = 0 \text{ für } x > 1. \tag{57}$$

II. **Vollkommen feste Kopplung.**

1. **Die Funktion W_1.** Setzen wir $\sigma = 0$, so bekommen wir sofort

$$W_1 = 1 - \frac{2x^2}{2(1+x^2)} = \frac{1}{1+x^2}. \tag{58}$$

Wächst x von o bis unendlich, so nimmt W_1 vom Werte 1 bis zum Werte o allmählich ab. Die beiden Kurven W_1 für vollkommen feste und vollkommen lose Kopplung unterscheiden sich verhältnismäßig wenig, wir können also schließen, daß die W_1-Kurven von der Streuung wenig abhängig sein werden.

2. Die Funktion w_1. Es wird für $\sigma = 0$:

$$w_1 = 1 - \frac{2x^2}{-(1-x^2)+(1+x^2)} = \infty; \tag{59}$$

die Kurve w_1 verläuft also für $\sigma = 0$ ganz im Unendlichen. Die Kurven für vollkommen feste und vollkommen lose Kopplung unterscheiden sich beträchtlich, es wird also der Verlauf der Kurven w_1 stark abhängig von dem jeweiligen Werte der Streuung sein.

3. Die Funktion W_2. Für $\sigma = 0$ wird:

$$W_2 = 1 - \frac{2}{2(1+x^2)} = \frac{x^2}{1+x^2}. \tag{60}$$

Wächst x von o bis ∞, so durchläuft W_2 alle Werte von o bis 1. Es ist

$$W_{2\,(\sigma\,=\,0)} = 1 - W_{1\,(\sigma\,=\,0)}.$$

Die Kurven W_2 sind im Gegensatz zu den Kurven W_1 stark abhängig von der Streuung.

4. Die Funktion w_2. Für $\sigma = 0$ wird:

$$w_2 = 1 + \frac{2}{-(1+x^2)[1-1]} = \infty. \tag{61}$$

w_2 wird also unendlich groß für jeden endlichen Wert von x.

Entwickeln wir unsere Funktionen W und w für kleine bzw. große Werte von x nach Potenzen von x und $\frac{1}{x}$ und für die Nachbarschaft der Resonanzstelle nach Potenzen von $\varepsilon = x - 1$, so erhalten wir, wenn wir alle von höherer Ordnung kleinen Glieder vernachlässigen, die folgenden Näherungsausdrücke:

I. Für W_1 und

1. kleine Werte von x; $0 < x \ll 1$: $W_1 = 1 - x^2(1-\sigma)$,
2. große Werte von x; $1 \ll x < \infty$: $W_1 = \frac{1}{x^2}$,
3. x nahe gleich 1; $x = 1 + \varepsilon$; $0 < |\varepsilon| \ll 1$: $W_1 = \frac{1}{1+k} - \varepsilon \frac{1}{1+k}$; $\quad(62)$

II. Für w_1 und

1. kleine Werte von x: $w_1 = \frac{1}{x^2 \sigma}$,
2. große Werte von x: $w_1 = \frac{1}{\sigma} + \frac{1}{x^2} \frac{k^2}{\sigma}$, $\quad(63)$
3. x nahe gleich 1: $w_1 = \frac{1}{1-k} - \varepsilon \frac{1}{1-k}$;

III. Für W_2 und

1. kleine Werte von x: $W_2 = (1-\sigma)x^2$,
2. große Werte von x: $W_2 = \frac{1}{1-\sigma} - \frac{1}{x^2} \frac{1+\sigma}{1-\sigma}$, $\quad(64)$
3. x nahe gleich 1: $W_2 = \frac{1}{1+k} + \varepsilon \frac{2+k-k^2}{k(1+k)^2}$,

IV. Für w_2 und

1. kleine Werte von x: $\quad w_2 = \dfrac{1}{x^4}\dfrac{1}{k^2\sigma} - \dfrac{1}{x^2}\dfrac{3\sigma-1}{k^2\sigma},$

2. große Werte von x: $\quad w_2 = \dfrac{k^2}{\sigma x^2},$ \hfill (65)

3. x nahe gleich 1: $\quad w_2 = \dfrac{1}{1-k} - \varepsilon\dfrac{2-k-k^2}{k(1-k)^2}.$

Aus den angegebenen Näherungsformeln ist ohne weiteres zu erkennen, welche Werte die Funktionen W und w für $x=0$, ∞ und 1 annehmen und wie sie sich in der Nachbarschaft dieser Stellen verhalten.

Wollen wir nun wissen, für welchen Bereich der Variablen x bei gegebenen Werten von σ, H und h die $\left\{\begin{matrix}\text{rasche}\\\text{langsame}\end{matrix}\right\}$ Koppelschwingung erregt wird, so brauchen wir nur folgendermaßen zu verfahren:

Wir tragen graphisch die beiden Kurven $\left\{\begin{matrix}H-W_1\\H-w_1\end{matrix}\right\}$ und $\left\{\begin{matrix}hW_2\\hw_2\end{matrix}\right\}$ auf und stellen diejenigen Bereiche von x-Werten fest, für die die erste Kurve die zweite unter sich läßt; für diese Bereiche werden die Bedingungen (47) befriedigt. Ihre Grenzen sind diejenigen Stellen, an denen die Gitterkopplung gerade hinreicht, um die Dämpfung 0 hervorzurufen; innerhalb der Bereiche ist die Dämpfung der betreffenden Koppelschwingung negativ. Wollen wir die Abhängigkeit der Erscheinungen vom Grade der Gitterkopplung, also von den H-Werten, untersuchen, so müssen wir die Kurven $\left\{\begin{matrix}H-W_1\\H-w_1\end{matrix}\right\}$ um den Betrag des Zuwachses von H senkrecht nach oben oder unten verschieben. Lassen wir die Gitterkopplung wachsen, so müssen wir nach oben, lassen wir sie abnehmen, so müssen wir nach unten verschieben. Wollen wir weiter die Abhängigkeit der Verhältnisse von den h-Werten untersuchen, so brauchen wir nur für die verschiedenen in Betracht zu ziehenden Werte von h die Kurven $\left\{\begin{matrix}hW_2\\hw_2\end{matrix}\right\}$ zu zeichnen.

In Bild 9 ist dies ausgeführt für den Fall, daß σ den Wert 0,8 besitzt. Die Kurven hW_2 sind stark ausgezogen, die Kurven hw_2 stark gestrichelt, die Kurven $H-W_1$ strichpunktiert, und endlich die Kurven $H-w_1$ punktiert gezeichnet. In Bild 10 und 11 sind dazu gehörig für die verschiedenen Werte von H die Bereiche von x-Werten aufgetragen, für die die Erregung der raschen bzw. der langsamen Koppelschwingung möglich ist, und zwar in den Bildern 10 und 11 bzw. für die Werte $h=2$ und $h=1$.

Betrachten wir in Bild 9 den Fall $h=2$, so sehen wir: Die rasche Koppelwelle kann überhaupt nicht erregt werden, wenn H kleiner ist als 1. Wird jedoch H größer als 1, so werden Schwingungen möglich für kleine Werte von x. Je mehr H wächst, desto weiter dehnt sich der Bereich, für den die rasche Koppelschwingung möglich ist, nach rechts hin aus. Für $H=8$ erstreckt er sich bereits über die Stelle $x=4$ hinaus; wird die Gitterkopplung noch fester gewählt, so kann er sich bis ins Unendliche erstrecken. Fassen wir die langsame Koppelschwingung ins Auge, so kann sie erst erregt werden, sobald H größer wird als 1,25: Schwingungen können dann auftreten für unendlich große Werte von x. Lassen wir H wachsen, so dehnt sich der Bereich, für den die langsame Koppelschwingung möglich ist, von unendlich nach links hin aus, und zwar zunächst sehr schnell, dann aber nur langsam; bis zum Werte $x=0$ kann er nicht gelangen, weil dazu H unendlich große Werte annehmen müßte.

Mit zunehmender Gitterkopplung dehnen sich die Bereiche der raschen bzw. der langsamen Koppelwelle von $x = 0$ bzw. von ∞ her in Richtung auf den Resonanzpunkt aus. Es muß also einen bestimmten Wert H^* von H geben, für den die Bereiche

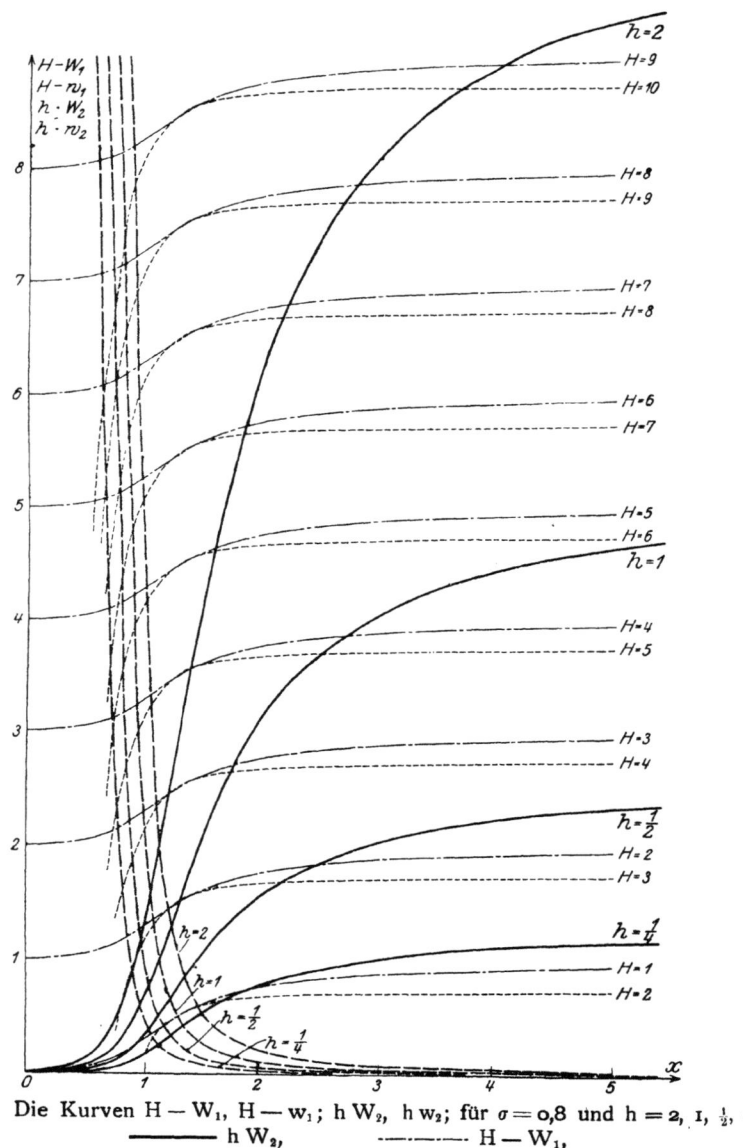

Bild 9. Die Kurven $H - W_1$, $H - w_1$; $h\,W_2$, $h\,w_2$; für $\sigma = 0{,}8$ und $h = 2, 1, \tfrac{1}{2}, \tfrac{1}{4}$.
——— $h\,W_2$, ———·— $H - W_1$,
--------- $h\,w_2$, ········ $H - w_1$.

gerade aufeinander stoßen, ohne sich gegenseitig zu überlagern. Dies ist der Fall für den Wert $H^* = 3$; die beiden Bereiche berühren sich an der Stelle $x = 1{,}2$. Für $H < 3$ bekommen wir eine Lücke, in der Schwingungsstille herrscht, für $H > 3$ überdecken sich die beiden Bereiche mit einem gewissen Stücke, wir bekommen die bekannte Zieherscheinung. Je weiter H über den Wert H^* hinauswächst, desto breiter wird die Ziehschleife. Sie dehnt sich nach rechts hin bedeutend rascher aus als nach links; nach rechts hin kann sie sich bis ins Unendliche erstrecken, nach links jedoch nicht bis zum Punkte x = o.

Für den Fall h = 1 sind die Erscheinungen ähnlich. Nur dehnt sich der Bereich der raschen Koppelschwingung viel schneller, der der langsamen Koppelschwingung dagegen nur wenig schneller als oben aus.

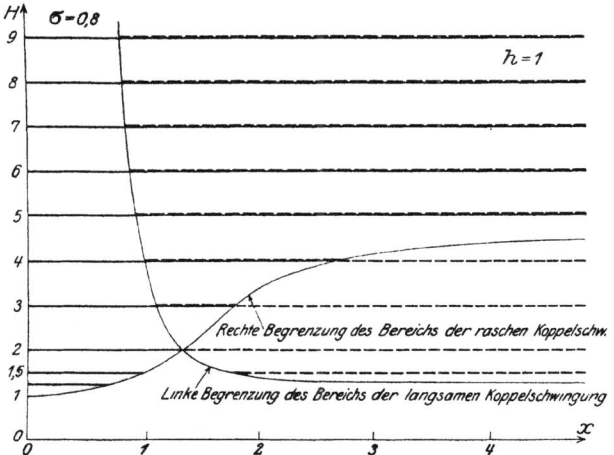

Bild 10. Die Bereiche von x-Werten, in denen die rasche (———) und die langsame (— —) Koppelschwingung bestehen können, in Abhängigkeit von H.
σ = 0,8;   h = 1.

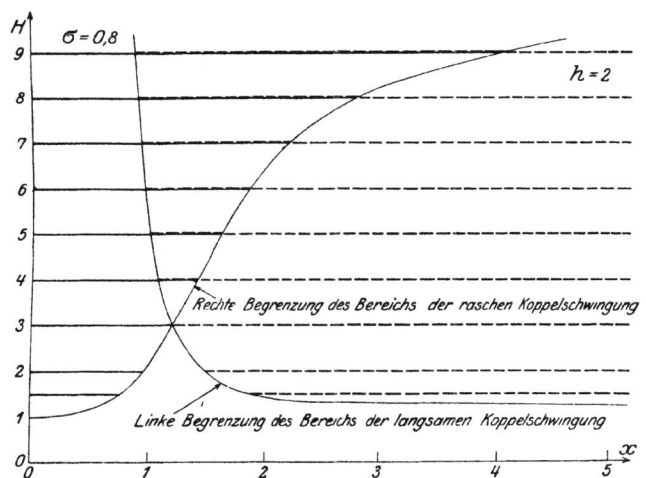

Bild 11. Die Bereiche von x-Werten, in denen die rasche (———) und die langsame (-----) Koppelschwingung möglich sind; in Abhängigkeit von H.
σ = 0,8;   h = 2.

Etwas anders jedoch werden die Erscheinungen, wenn wir es mit noch kleineren Werten von h zu tun haben. Nehmen wir $h = \frac{1}{4}$, so sehen wir (Bild 9), daß die rasche Koppelschwingung schon für Werte von H möglich wird, die kleiner sind als 1. Lassen wir H von 0 aus wachsen, so beginnen die Schwingungen nicht zuerst für unendlich kleine x, sondern in unserm Falle etwa bei x = 1; bei weiterem Wachsen von H dehnt sich der Bereich dann sehr schnell nach kleinen und großen Werten von x hin aus, und er umfaßt das ganze Intervall von $x = 0$ bis $x = \infty$ bereits in dem Augenblick, wo für unendlich große x auch die langsame Koppelschwingung in Erscheinung tritt. Bei weiter zunehmender Gitterkopplung bleibt die rasche Koppelschwingung für jeden Wert von x möglich, und der Bereich der langsamen Koppelwelle dehnt sich zunächst schnell, dann langsam nach links hin aus.

Im Falle $h = \frac{1}{2}$ ist die Sachlage ähnlich; nur tritt die langsame Koppelschwingung bereits in Erscheinung, bevor der Bereich der raschen Koppelschwingung sich bis ins Unendliche erstreckt hat.

Denken wir uns den Grenzfall $h = 0$, so fällt die Kurve hW_2 mit der x-Achse zusammen. Lassen wir nun H wachsen von 0 bis 1, so beginnt die rasche Koppelschwingung zunächst für unendlich große x, ihr Bereich dehnt sich dann nach links hin aus, also gerade umgekehrt wie vorhin. Ähnliches können wir erwarten für sehr kleine Werte von h.

Nehmen wir die Kopplung zwischen Primär- und Sekundärkreis fester als im eben behandelten Falle, so wird die rasche Koppelschwingung leichter, die langsame dagegen schwerer erregt als eben (vorausgesetzt, daß ω_1 endlich bleibt, vergleiche oben). Es ist also dann leichter möglich, die Gitterkopplung so fest zu wählen, daß die rasche Koppelwelle für jeden Wert x bestehen kann. Sobald man durch genügend kräftige Gitterrückkopplung erreicht hat, daß die rasche Koppelwelle für jeden Wert von x bestehen kann, erhält man keine Frequenzsprünge mehr, wenn sich einmal die rasche Koppelschwingung erregt hat.

Das Verhalten der Zieherscheinungen bei kapazitiver Kopplung entspricht qualitativ ziemlich genau dem Verhalten bei induktiver Kopplung. Nur für kleine Werte von h zeigen sich qualitative Unterschiede; denn bei induktiver Kopplung beginnt die Erregungsmöglichkeit der langsamen bzw. der raschen Koppelschwingung immer bei unendlich großen bzw. bei unendlich kleinen Werten von x.

IV. Quantitatives.

Im folgenden wollen wir nun noch die quantitativen Verhältnisse etwas näher betrachten.

Zunächst sei ein bestimmter Wert der Verstimmung x gegeben. Wir fragen uns, welches ist die Gitterkopplung, die wir mindestens benötigen, damit an der Stelle x die langsame oder die rasche Koppelschwingung bestehen kann. Die Antwort darauf geben uns sofort die Bedingungen (47) und (48), wenn wir für sie das Gleichheitszeichen gelten lassen. Es muß also H mindestens sein gleich

$$H = W_1 + hW_2 = \left[1 - \frac{2x^2(1-\sigma)}{(1+x^2)\left[1 + \sqrt{1 - \frac{4\sigma x^2}{(1+x^2)^2}}\right] - 2\sigma x^2}\right]$$
$$+ h\left[1 - \frac{2(1-\sigma x^2)}{(1+x^2)\left[1 + \sqrt{1 - \frac{4\sigma x^2}{(1+x^2)^2}}\right] - 2\sigma x^2}\right], \quad (65)$$

wenn wir die rasche, und

$$H = w_1 + hw_2 = \left[1 - \frac{2x^2(1-\sigma)}{(1+x^2)\left[1 - \sqrt{1 - \frac{4\sigma x^2}{(1+x^2)^2}}\right] - 2\sigma x^2}\right]$$
$$+ h\left[1 - \frac{2(1-\sigma x^2)}{(1+x^2)\left[1 - \sqrt{1 - \frac{4\sigma x^2}{(1+x^2)^2}}\right] - 2\sigma x^2}\right], \quad (66)$$

wenn wir die langsame Koppelwelle erzeugen wollen. Wir betrachten die folgenden Beispiele:

1. Den Fall der Resonanz ($x = 1$). Wir bekommen für die rasche Koppelschwingung

$$H = \frac{1+h}{1+\sqrt{1-\sigma}} \qquad (67)$$

und für die langsame

$$H = \frac{1+h}{1-\sqrt{1-\sigma}}; \qquad (68)$$

2. $x = 0$. Wir bekommen für die rasche Koppelwelle
$$H = 1, \text{ also } h_3 = h_1, \qquad (69)$$
für die langsame $\quad H = \infty. \qquad (70)$

Für nicht zu große Werte von h gibt (69) nach obigem die Gitterkopplung, die wir mindestens benötigen, damit überhaupt für irgendwelche Werte von x die rasche Koppelschwingung einsetzen kann.

3. Unendlich große x. Wir bekommen für die rasche Koppelschwingung:

$$H = h \frac{1}{1-\sigma}, \qquad (71)$$

für die langsame

$$H = \frac{1}{\sigma}. \qquad (72)$$

Für nicht zu kleine Werte von h gibt (71) diejenige Gitterkopplung, welche wir mindestens aufbringen müssen, damit die rasche Koppelschwingung im ganzen Bereiche von $x = 0$ bis $x = \infty$ sich erregen kann. (72) gibt die Gitterkopplung, die wir mindestens benötigen, um überhaupt (für irgendwelche Werte von x) die langsame Koppelschwingung erregen zu können.

Nun sei umgekehrt der Wert von H gegeben. Wir fragen nach denjenigen Stellen x, an denen H gerade hinreicht zur Aufrechterhaltung der Schwingungen. Wir haben dazu die Gleichungen (65) und (66) nach x aufzulösen. Wir bekommen aus ihnen zunächst

$$\sqrt{1 + 2x^2(1-2\sigma) + x^4} \,[H - 1 - h] = x^2[h - 1 - H(1-2\sigma)] + [1 - h - H] \qquad (73)$$

für die rasche und

$$-\sqrt{1 + 2x^2(1-2\sigma) + x^4}\,[H - 1 - h] = x^2[h - 1 - H(1-2\sigma)] + [1 - h - H] \qquad (74)$$

für die langsame Koppelschwingung. Quadrieren wir diese beiden Gleichungen, so erhalten wir ein und dieselbe biquadratische Gleichung für x. Führen wir der Kürze halber die Bezeichnungen ein:

$$h - 1 - H(1 - 2\sigma) = \alpha; \quad 1 - h - H = \beta \text{ und } H - 1 - h = \gamma, \qquad (75)$$

so lautet diese biquadratische Gleichung:

$$x^4(\gamma^2 - \alpha^2) + 2x^2[\gamma^2(1 - 2\sigma) - \alpha\beta] + (\gamma^2 - \beta^2) = 0. \qquad (76)$$

Für x^2 ergibt sie die beiden Werte:

$$x^2 = \frac{1}{\gamma^2 - \alpha^2}\left\{\gamma^2(2\sigma - 1) + \alpha\beta \pm \gamma\sqrt{(\alpha-\beta)^2 + 4\sigma\alpha\beta - 4\sigma(1-\sigma)\gamma^2}\right\}. \qquad (77)$$

Wollen wir für jeden dieser x-Werte wissen, ob er für die rasche oder für die langsame Koppelschwingung gilt, so brauchen wir nur zu sehen, welche der beiden Gleichungen (73) und (74) er befriedigt. Liefert uns (77) einen positiven und einen negativen Wert von x^2, also nur einen reellen positiven Wert von x, dann können folgende Fälle vorliegen:

1. H ist kleiner als der durch (72) bestimmte Wert $\frac{1}{\sigma}$. Die langsame Koppelschwingung kann dann noch nirgends bestehen, unser positiver Wert von x gibt also dann an, bis zu welcher Stelle die rasche Koppelschwingung bestehen kann. Der Bereich der raschen Koppelschwingung reicht dann von diesem Punkte x bis nach 0 oder bis nach ∞, je nachdem ob H größer oder kleiner ist als der durch (69) bestimmte Wert.

2. H ist größer als $\frac{1}{\sigma}$. Unser positiver Wurzelwert gibt dann an, bis zu welchem Punkte sich der Bereich der langsamen Koppelschwingung von ∞ her erstreckt. Die rasche Koppelschwingung ist für $H > \frac{1}{\sigma}$ sicher möglich für kleine Werte von x; denn dazu braucht ja wegen (69) nur H größer als 1 zu sein. Erstreckte sich der Bereich der raschen Koppelschwingung nur bis zu einem endlichen Werte x, so müßte unsere Gleichung (77) zwei positive Werte von x ergeben, was wir ausgeschlossen haben. Es muß also die rasche Koppelschwingung in unserem Falle für jeden Wert von x bestehen können.

Für den Fall, daß Gleichung (77) uns zwei positive Werte von x liefert, müssen wir wieder die Fälle $H > \frac{1}{\sigma}$ und $H < \frac{1}{\sigma}$ unterscheiden. Ist zunächst H kleiner als $\frac{1}{\sigma}$, so begrenzen die beiden positiven Werte von x den Bereich der raschen Koppelschwingung; denn die langsame Koppelschwingung ist dann noch nicht möglich. Ist jedoch H größer als $\frac{1}{\sigma}$, so gehört einer der beiden X-Werte der raschen, der andere der langsamen Koppelschwingung an; je nachdem ob die beiden Bereiche, in denen die rasche bzw. die langsame Koppelschwingung möglich ist, sich überlagern oder nicht, bekommen wir eine Ziehschleife oder eine Lücke, in der Schwingungsstille herrscht. Zur Entscheidung, ob das eine oder das andere vorliegt, läßt sich ein einfaches Kriterium angeben. Wie oben gezeigt, gibt es einen bestimmten Wert H*, für den die beiden Bereiche gerade aneinander stoßen. Ist nun unser H größer als H*, so greifen die Bereiche übereinander, ist dagegen H kleiner als H*, so sind sie durch eine Lücke voneinander getrennt. Im ersten Falle bekommen wir eine Ziehschleife, im zweiten Schwingungsstille. Wir brauchen also bloß H zu berechnen, um übersehen zu können, ob wir es bei einer gewissen Gitterkopplung mit einer Ziehschleife zu tun haben.

Für H* muß unsere Gleichung (77) offenbar 2 gleiche Werte von x liefern, es muß also entweder $\gamma = 0$ oder $\sqrt{(\alpha - \beta)^2 + 4\sigma\alpha\beta - 4\sigma(1-\sigma)\gamma^2} = 0$ sein. Für uns kommt nur das erstere in Betracht; ändern wir nämlich H* etwas ab, so wird im allgemeinen je nach der Richtung, in der wir es abändern, der Radikand der Wurzel positive oder negative Werte annehmen, er wird also jedenfalls bei geeigneter Abänderung von H negativ werden können. Das würde bedeuten, daß wir dann zwei komplexe Werte von x bekämen. Tatsächlich dürfen wir natürlich nur reelle Werte von x erhalten, die uns entweder die Breite der Ziehschleife oder die der Schwingungslücke geben. Wir bekommen also H*, indem wir $\gamma = 0$ setzen, d. h. es wird:

$$H^* = 1 + h. \quad (78)$$

Es sei bemerkt, daß der Wert von H* unabhängig ist von der Stärke der Gitterkopplung. Für den oben eingehend besprochenen Fall $h = 2$ wird $H^* = 3$, in Übereinstimmung mit Bild 9 und 11.

Von Interesse ist es nun noch festzustellen, welche Gitterkopplung im allgemeinsten Falle mindestens erforderlich ist, damit die eine oder die andere Koppelschwingung möglich wird. Für die langsame Koppelschwingung gibt uns bereits (72) den Wert $H = \frac{1}{\sigma}$. Für die rasche Koppelschwingung liegen die Verhältnisse dagegen nicht so einfach. Wir sahen ja früher, daß sie u. U. für größere Werte von x leichter zu erregen war als für unendlich kleine x. Für den Mindestwert von H muß uns Gleichung (77) offenbar eine Doppelwurzel liefern, und bei etwas kleineren Werten von H dürfen wir keine reellen Werte von x mehr bekommen. Wir werden also den Mindestwert von H erhalten, indem wir den Wurzelausdruck gleich Null setzen. Das gibt die Beziehung:

$$(\alpha - \beta)^2 + 4\sigma\alpha\beta - 4\sigma(1-\sigma)\gamma^2 = 0. \tag{79}$$

Wir können hierfür schreiben

$$\sigma\gamma^2 = \frac{1}{1-\sigma}\left\{\left(\frac{\alpha-\beta}{2}\right)^2 + \sigma\alpha\beta\right\}. \tag{80}$$

Die Gleichungen (75) ergeben durch einfache Ausrechnung

$$\sigma\gamma^2 = H^2\sigma - 2hH\sigma - 2H\sigma + 2h\sigma + h^2\sigma + \sigma$$

und

$$\frac{1}{1-\sigma}\left\{\left(\frac{\alpha-\beta}{2}\right)^2 + \sigma\alpha\beta\right\} = H^2\sigma + 2hH\sigma - 2H\sigma - 2h + h^2 + 1 \tag{81}$$

und daraus berechnet sich H zu:

$$H = \frac{1+\sigma}{2\sigma} - \frac{1-\sigma}{4\sigma} \cdot \frac{h^2+1}{h}. \tag{82}$$

$\left(\text{Für } \sigma = 0{,}8 \text{ und } h = \frac{1}{2} \text{ ergibt das z. B. } H = \frac{31}{32}.\right)$

Wollen wir die Stelle x bestimmen, für die die erste Schwingungserregung möglich ist, so müssen wir (82) in Gleichung (77) einsetzen. Da die Wurzel verschwindet, haben wir einfach

$$x^2 = \frac{1}{\gamma^2 - \alpha^2}\left[\gamma^2(2\sigma - 1) + \alpha\beta\right]. \tag{83}$$

oder wegen (80)

$$x^2 = \frac{1}{\sigma(\gamma^2 - \alpha^2)}\left[\sigma^2\gamma^2 - \left(\frac{\alpha-\beta}{2}\right)^2\right]. \tag{84}$$

Aus (75) folgt durch Ausrechnung

$$\sigma^2\gamma^2 - \left(\frac{\alpha-\beta}{2}\right)^2 = -2\sigma hH(1-\sigma) + 2\sigma H(1-\sigma) + 2h(1-\sigma) - h^2(1-\sigma) - (1-\sigma)$$

und

$$\gamma^2 - \alpha^2 = 4\sigma H^2(1-\sigma) - 4\sigma hH - 4H(1-\sigma) + 4h;$$

und damit ergibt sich

$$x^2 = \frac{1}{\sigma} \cdot \frac{-2\sigma hH(1-\sigma) + 2\sigma H(1-\sigma) + 2h(1-\sigma) - h^2(1-\sigma) - (1-\sigma)}{4\sigma H^2(1-\sigma) - 4\sigma hH - 4H(1-\sigma) + 4h}. \tag{85}$$

Das läßt sich durch Einführen von (82), Wegheben von gemeinsamen Faktoren aus Zähler und Nenner und durch geeignete Zusammenfassungen vereinfachen zu

$$x^2 = \frac{2}{1+\sigma} \cdot \frac{h(1-h)}{(1+h)\left(h - \frac{1-\sigma}{1+\sigma}\right)}. \tag{86}$$

Man sieht leicht, daß dies nur dann einen reellen Wert von x ergibt, wenn h der Bedingung genügt:

$$\frac{1-\sigma}{1+\sigma} \leq h \leq 1. \tag{87}$$

Für $h = 1$ ist $x = 0$, für $h = \frac{1-\sigma}{1+\sigma}$ ist $x = \infty$. Ist h größer als 1, so beginnen die Schwingungen der raschen Koppelwelle bei unendlich kleinen Werten von x; ist h kleiner als $\frac{1-\sigma}{1+\sigma}$, so beginnen sie bei unendlich großen Werten von x. Liegt h jedoch zwischen $\frac{1-\sigma}{1+\sigma}$ und 1, so setzen die Schwingungen zuerst ein für den durch (86) bestimmten Wert von x. (Für den Fall $\sigma = 0{,}8$ und $h = \frac{1}{2}$ liefert (86) den Wert $x = 0{,}69$, vergl. Bild 9.)

Zum Schlusse ist es mir eine Ehre, meinen sehr verehrten Lehrern Herrn Geheimrat Wien, Jena, und Herrn Professor Rogowski, Aachen, für die Anregung zu dieser Arbeit wie für den stets gern erteilten Rat meinen herzlichsten Dank auszusprechen.

Lebenslauf.

Ich, Georg Walter Grösser, bin geboren am 17. Mai 1892 zu Crefeld als Sohn des Apothekers Ludwig Grösser und seiner Frau Wilhelmine, geb. Beling.

Ich besuchte in Trier vier Jahre die evangelische Volksschule und 9 Jahre das Kaiser Wilhelm-Realgymnasium. Nach dem Abiturium studierte ich reine und angewandte Mathematik, Physik und technische Physik; und zwar zunächst vom Sommersemester 1911 ab drei Semester in Bonn und fünf in Jena; dann nach nahezu vierjähriger Kriegsunterbrechung von Anfang 1919 ab noch weitere vier Semester in Jena und eins an der Technischen Hochschule Aachen.

Im Wintersemester 1914/15 war ich Assistent des Physikalischen Instituts der Universität Jena, seit Januar 1921 bin ich Assistent des Elektrotechnischen Instituts der Technischen Hochschule Aachen.

MIX
Papier aus verantwortungsvollen Quellen
Paper from responsible sources
FSC® C105338

If you have any concerns about our products,
you can contact us on
ProductSafety@springernature.com

In case Publisher is established outside the EU,
the EU authorized representative is:
**Springer Nature Customer Service Center GmbH
Europaplatz 3, 69115 Heidelberg, Germany**

Printed by Libri Plureos GmbH
in Hamburg, Germany